包装设计

从入门到精通

陈根 编著

Package Design

化学工业出版社
·北京·

本书面向大众消费市场，立足包装的实际效用，以更加深入的探究和全方位的视角，通过包装设计的概念界定；包装设计的发展与创新；包装设计的计划、生产、包装设计的结构与造型；包装设计的结构与材质；包装设计的可持续设计；包装设计的印刷工艺；包装设计的构成要素以及包装设计的创新理念9个方面对包装设计进行全面透彻的阐述。

本书可以指导和帮助欲进入包装行业者增强专业知识技能，提升创新能力和竞争力；也可作为高校包装设计、工业设计等多专业师生的教材和参考书。

图书在版编目（CIP）数据

包装设计从入门到精通/陈根编著. —北京：化学工业出版社，2018.4（2019.8重印）
ISBN 978-7-122-31385-0

Ⅰ.①包⋯　Ⅱ.①陈⋯　Ⅲ.①包装设计　Ⅳ.①TB482

中国版本图书馆CIP数据核字(2018)第012462号

责任编辑：王　烨　　金林茹　　　　　　　　　装帧设计：王晓宇
责任校对：宋　玮

出版发行：化学工业出版社（北京市东城区青年湖南街13号　邮政编码100011）
印　　装：天津图文方嘉印刷有限公司
710mm×1000mm　1/16　印张16$\frac{1}{2}$　字数296千字　2019年8月北京第1版第3次印刷

购书咨询：010-64518888　　售后服务：010-64518899
网　　址：http://www.cip.com.cn
凡购买本书，如有缺损质量问题，本社销售中心负责调换。

定　　价：89.00元　　　　　　　　　　　　　　　　版权所有　违者必究

　　"正所谓人靠衣妆，产品则靠包装"，在现代营销中，这并不夸张。包装设计是一种将产品信息与造型、结构、色彩、图形、排版及设计辅助元素做连结，为产品提供容纳、保护、运输、经销、识别与产品区分，最终以独特的方式传达商品特色或功能，因而达到产品的营销目的。

　　包装设计建立了产品类别的视觉效果，其他竞争者也以相似的外观设计来参与竞争。色彩、文字编排风格、人物、结构及其他设计元素等，成了提供消费者抉择产品类别的线索。不论是精打细算的消费者或是冲动购买的顾客，产品的外观形式通常是销售量的决定性因素之一。如何采取有效的包装设计使产品从所有竞争对手中脱颖而出，避免消费者混淆及影响消费者的购买决定成为企业品牌整合营销计划中非常重要的课题。

　　不同的时代，不同的需求，需要不同的商品包装设计。当今世界巨大的发展变化要求包装设计者必须坚持创新设计、张扬个性和魅力。在全新的消费模式和营销方式背景下，为了和大家更好地共同探索包装设计涉及的众多课题，本书面向大众消费市场，立足包装的实际效用，以更加深入的探究和全方位的视角，通过9章对包装设计进行全面透彻的阐述。第1章包装设计——概念界定，主要介绍了包装设计的定义、类别、效能，以及如何传达包装设计以做好品牌建设。第2章包装设计——发展与创新，主要介绍了包装设计的发展历程、影响因素以及包装设计的创新发展。第3章包装设计——计划、生产，包括设计程序、利害关系以及生产过程，主要讲述的是产品包装营销计划的整个过程，过程的有效实施与包装设计相关的消费、管理、设计、生产及服务人群所承担的不同任务或发生的不同作用。第4章包装设计——结构与造型，主要阐述了包装容器的造型、结构、尺寸以及包装容器的结构设计所有遵循的重要原则。第5章包装设计——结构与材质，重点讲解了不同的包装设计材质所呈现的不同造型特点、运输及保护功能、审美需求的满足。第6

章包装设计——可持续设计，首先阐明的是可持续包装设计概念，其次重点论述包装材料和包装结构的可持续发展以及包装废弃物的回收再利用，指出了产品包装设计发展新趋势，具有一定的前瞻性和创新性。第7章包装设计——印刷工艺，主要讲解了丝网印刷、激光印刷、平版印刷等常用的印刷工艺以及烫印、特种墨水、浮雕压印、塑料的模内贴标等特殊印刷工艺。第8章包装设计——构成要素，从色彩、图形、文字和版式设计四个最关键的方面着手，重点论述了色彩设计的原则及方法、图形的分类与表现方法以及图形的选择、产品包装中文字的类型及文字设计的原则、版面编排的设计原则与方法。第9章包装设计——创新理念，首先介绍了交互式包装设计的兴起背景与类型，其次从视错觉与包装设计，与色彩、与图形、与文字等各方面详细介绍了视错觉包装设计。

书中观点新颖，条理清晰，逐层深入，论述有据。本书的一大特点是为方便读者更直观地理解，选取了大量国内外顶尖设计师和设计机构的创意十足的当代包装设计方案进行展示，大量的图片加上精辟的点评，具有很强的说服力和可读性，使读者能直接从中汲取灵感，释放无限创造力。

本书读者可包含：

1. 从事包装设计、制造、运营的企业工程技术人员；

2. 从事产品品牌策划宣传、产品推广、市场营销等工作的人员；

3. 想要进入产品包装等相关领域的创业、从业人员；

4. 从事包装设计理论与方法学科研究的学者；

5. 高等学校包装工程类、机械设计类、食品轻工类、艺术设计类等相关专业的本科生和研究生。

本书由陈根编著。陈道双、陈道利、林恩许、陈小琴、陈银开、卢德建、张五妹、林道姆、李子慧、朱芋锭、周美丽等为本书的编写提供了很多帮助，在此表示深深的谢意。

由于作者水平及时间所限，书中不妥之处，敬请广大读者及专家批评指正。

编著者

目录

CONTENTS

目录

CONTENTS

目 录

目录

CONTENTS

06

第6章
包装设计——可持续设计 /113

第7章
包装设计——印刷工艺 /141

目录

CONTENTS

目录

CONTENTS

目录

CONTENTS

目录

CONTENTS

第 1 章

包装设计
——概念界定

1.1 包装的定义

包装伴随着商品的产生而产生，如图1-1所示。包装已成为现代商品生产不可分割的一部分，也成为各商家竞争的有力武器，各厂商纷纷打着"全新包装，全新上市"的旗号去吸引消费者，绞尽脑汁，不惜重金，以期改变其产品在消费者心中的形象，从而也提升企业自身的形象。就像唱片公司为歌星全新打造、全新包装，并以此来改变其在歌迷心中的形象一样，而今，包装已融合在各类商品的开发设计和生产之中，几乎所有的产品都需要通过包装才能成为商品进入流通渠道。

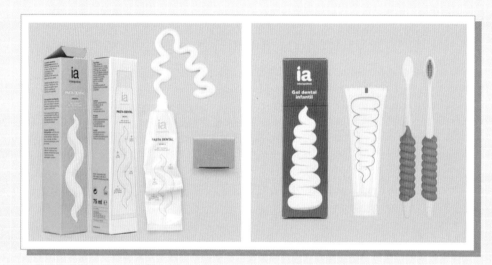

图1-1　Eduardo del Fraile 牙刷和牙膏包装

设 计 阐 述：来自设计师Eduardo del Fraile的一组挺有意思的牙刷和牙膏包装设计，主打就是牙膏被挤出时那种白白胖胖、弯弯曲曲的造型……用在牙刷上，它成了牙刷的防滑手柄，而用在牙膏包装上，又变成了主题图案。

对于包装的理解与定义，在不同的时期，不同的国家，对其理解与定义也不尽相同。以前，很多人都认为，包装就是以流通物资为目的，是包裹、捆扎、容装物品的手段和工具，也是包扎与盛装物品时的操作活动。20世纪60年代以来，随着各种自选超市与卖场的普及与发展，使包装由原来的保护产品的安全流通为主，一跃而转向销售员的作用，人们对包装也赋予了新的内涵和使命。包装的重要性，已深被人们认可。

我国国家标准GB/T 4122.1—1996《包装术语　第1部分：基础》中规定，

包装的定义是：为在流通过程中保护产品、方便贮运、促进销售，按一定技术方法而采用的容器、材料及辅助物等的总体名称。也指为了达到上述目的而采用容器、材料和辅助物的过程中施加一定技术方法等的操作活动。

美国对包装的定义是：包装是使用适当的材料、容器并施以技术，使其能使产品安全地到达目的地——在产品输送过程的每一阶段，无论遭遇到怎样的外来影响皆能保护其内容物，而不影响产品的价值。

英国对包装的定义是：包装是为货物的储存、运输和销售所做的艺术、科学和技术上的准备行为。

日本工业标准规格［JISZ1010（1951）］对包装的定义：所谓包装，是指在运输和保管物品时，为了保护其价值及原有状态，使用适当的材料、容器和包装技术包裹起来的状态。

综上所述，每个国家或组织对包装的含义有不同的表述和理解，但基本意思是一致的，都以包装功能和作用为其核心内容，一般有两重含义：

① 关于盛装商品的容器、材料及辅助物品，即包装物；

② 关于实施盛装和封缄、包扎等的技术活动。

包装是使产品从企业传递到消费者的过程中保护其使用价值和价值的一个整体的系统设计工程，它贯穿着多元的、系统的设计构成要素，需要有效地、正确地处理各设计要素之间的关系。包装是商品不可或缺的组成部分，是商品生产和产品消费之间的纽带，是与人们的生活息息相关的。

1.2 包装的类别

包装是沉默的商品推销员。商品种类繁多，形态各异、五花八门，其功能作用、外观内容也各有千秋。所谓内容决定形式，包装也不例外。包装分类如下。

1.2.1 按包装的产品分类

按所包装的产品内容，可分为：日用品类、食品类、烟酒类、化妆品类、医药类、文体类、工艺品类、化学品类、五金家电类、纺织品类、儿童玩具类、土特产类等。如图1-2所示。

图1-2　I Recommend Cookies 食品类的插画外包装设计

设 计 阐 述：这是设计师为一个曲奇饼干所做的外包装设计，以插图图案为重点设计元素，包装袋上的每一个字符都能给消费者带来突出的感官印象。

1.2.2　按包装的材质分类

不同的商品，考虑到它的运输过程与展示效果等，所以使用材料也不尽相同，按包装材料可分为：纸包装、金属包装、玻璃包装、木包装、陶瓷包装、塑料包装、棉麻包装、布包装等。如图1-3所示。

图1-3　L'Artisan Perfumeur 品牌系列现代包装设计

设 计 阐 述：L'Artisan Perfumeur品牌系列现代包装设计，想法是创建一个芬芳的唇膏，使用特定的天然成分使得大脑内有不同的反应。使用专门的成分配合透气布袋和透明玻璃瓶，为各有所需的消费者创建了四个不同的气味，打造了系列的新的现代包装设计。

1.2.3　按包装的用途分类

按包装的用途，可分为销售包装、储运包装和军需品包装。

（1）销售包装

　　销售包装又称商业包装，可分为内销包装、外销包装、礼品包装、经济包装等。销售包装是直接面向消费的，因此，在设计时，要有一个准确的定位（关于销售包装的定位，在后面有详细介绍），要符合商品的诉求对象，力求简洁大方，方便实用，而又能体现商品性。如图1-4所示。

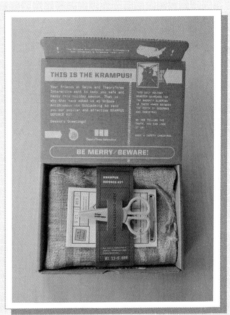

设 计 阐 述 ："Krampus游行"是巴伐利亚地区和阿尔卑斯山其他一些地区的传统活动，每年12月前后举行。Krampus是圣诞老人的原型——圣人尼古拉斯的助手，在当地的传说中，他肩背一个装着礼物的大袋子，手拿一根棍子，好孩子可以收到他的礼物，顽皮的孩子则会被棍子敲打。这个是设计师Swink利用节日主题元素创作的礼物包装形象设计促销装。

图1-4　Krampus礼物包装形象设计促销装

（2）储运包装

　　储运包装，也就是以商品的储存或运输为目的的包装。它主要在厂家与分销商、卖场之间流通，便于产品的搬运与计数。在设计时，并不是重点，只要注明产品的数量、发货与到货日期、时间与地点等，也就可以了。如图1-5所示。

 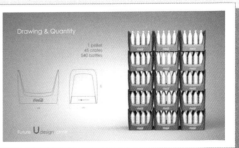

图1-5

图1-5 Ferdi Fikri 可口可乐概念集装搬运箱设计

设 计 阐 述：设计师Ferdi Fikri奇思妙想，为可口可乐的瓶装搬运工作设计了一个概念集装箱。他的这个集装搬运箱的设计基于可口可乐的品牌承诺理念，就是要在这个同质化产品的视觉繁杂时代创造一个视觉冲击力的品牌形象物品。比如零概念，大红的品牌颜色，白色、深灰色和浅灰色等。这个未来的集装搬运箱集中表达了设计师对于环境保护友好节约堆放和储存的理想模式，但是其流线型的设计创新理念得到了高度的称赞。

（3）军需品包装

军需品的包装，也可以说是特殊用品包装，由于在设计时很少遇到，所以在这里也不作详细介绍。

1.2.4 按包装的形状分类

按包装的形状，可分为个包装、中包装和大包装。

（1）个包装

个包装也称内包装或小包装，它是与产品最亲密接触的包装。它是产品走向市场的第一道保护层。个包装一般都陈列在商场或超市的货架上，最终连产品一起卖给消费者。因此设计时，更要体现商品性，以吸引消费者。如图1-6所示。

（2）中包装

中包装主要是为了增强对商品的保护、便于计数而对商品进行组装或套装。比如一箱啤酒是6瓶，一捆是10瓶、一条香烟是10包等。

（3）大包装

大包装也称外包装、运输包装。因为它的主要作用也是增加商品在运输中的安全，且又便于装卸与计数。大包装的设计，相对个包装也较简单。一般在设计时，通常只标明产品的型号、规格、尺寸、颜色、数量、出厂日期等。再加上一些视觉符号，诸如小心轻放、防潮、防火、有毒等。

图1-6　Natura Sou水滴形状的护肤品试用小样包装

设计阐述：这款设计精美、具有环保意识的独特创新的包装得益于设计概念的彻底执行，这个试用液体产品设计的样品包装就使用了颜色鲜艳的配比方案，让人情不自禁会产生使用的欲望。为了提供物美价廉的化妆品给巴西的大众消费者使用，创意团队参与了产品的设计，通过各种环境的模拟和消费者习惯的市场调查，设计出了这款环保的化妆品包装袋，它降低成本50%以上，减少70%的环境影响。

1.2.5　按包装的工艺分类

按包装工艺可分为：一般包装、缓冲包装、真空吸塑包装、防水包装、喷雾包装、压缩包装、充气包装、透气包装、阻气包装、保鲜包装、冷冻包装和儿童安全包装等。如图1-7所示。

图1-7　Novova品牌食品优雅包装设计

设计阐述：鸡蛋和各种面食的包装设计，主要概念是尽可能多地展现产品本身，并给予一个优雅的包装，独特的外观，且给使用者一种质量很好的印象。

1.2.6　按包装的结构分类

　　按包装结构形式，可分为：贴体包装、泡罩包装、热收缩包装、可携带包装、托盘包装、组合包装等。如图1-8所示。

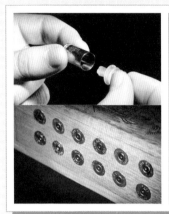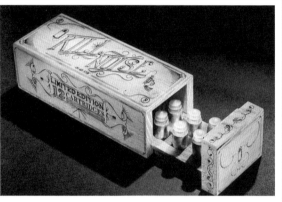

图1-8　KILLNOISE是瑞典一个时尚耳机品牌的包装设计项目

　　设 计 阐 述：它可以让你在喧闹的环境中保持安静，争取一个独自享受的个人空间。这款独特的耳机包装作品受到活动玩具城堡的启发，创建了一个独特的箱体式抽拉拼装方案。该款产品的包装属于手工制作的限量版，只分配给他们认为对这款产品最忠诚的客户，使用激光雕刻可以镌刻上客户的名字。内置12个耳塞孔，每一个耳塞孔外观设计都酷似一粒子弹。

1.3　包装的效能

　　包装的效能就是指对于包装物的作用和效应。大体可分为保护效能、便利效能、美化效能、促销效能、卫生效能和绿色效能。

1.3.1　包装的保护效能

　　保护效能是包装最基本的效能，所有的产品都离不开固态、液态、粉末、膏状等物理形态。从质地上讲，有的坚硬，有的松软；有的轻，有的重；有的结实，有的松脆。每一件商品，要经多次流通，才能走进商场或其他场所，最终到消费者手中，这期间，需要经过装卸、运输、库存、陈列、销售等环节。在储运过程中，很多外因，如撞击、潮湿、光线、气体、细菌等因素，都会威胁到商品的安全。因此，作为一个设计师，在开始设计之前，首先要想到包装的结构与材料，保证商品在流通过程中的安全。优秀的包装要有好的造型、结构设计，要合理用料，便于运输、保管、使用和携带，利于回收处理和环境保护。因此，在进行包装设计时要综合考虑包装的结构、材料等多方面的因素，并把包装的保护效能放在首位。

在考虑包装的保护效能的时候，设计师要结合产品自身的特点综合考虑材料和包装方式，如使用海绵、发泡材料、纸屑等填充物来达到固定产品的作用。为了防潮、密封，也可以采用封蜡的方法。如图1-9所示。

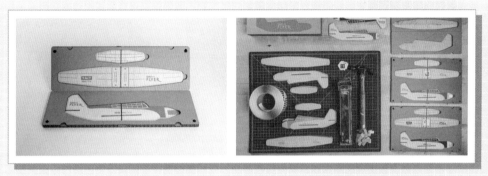

图1-9　Turbo Flyer飞机模型硬纸板包装设计项目

设计阐述：这是一个有魅力的折纸飞机模型硬纸板包装设计项目，美国密歇根州一家设计公司推出的这个名为Turbo Flyer的涡轮飞机设计的经典包装，不仅可以完美地保护好产品的组织结构，也展示了包装内容物的具体形态，具有操作上的指导性。

1.3.2　包装的便利效能

所谓便利效能，也就是商品的包装是否便于使用、携带、存放等。一个好的包装作品，应该以人为本，站在消费者的角度考虑，这样会拉近商品与消费者之间的距离，增加消费者的购买欲和对商品的信任度，也促进消费者与企业之间的沟通。

口渴了，只要轻轻拉一拉盖，各种口味的饮料便可往口里送。但这些可随身携带、随处购得的罐装饮品所装上的拉盖，却是一项了不起的发明。要知道，大部分罐装饮品如汽水、啤酒等，都注满二氧化碳，因此铝罐要承受的压力极大，每6.5平方厘米约需50公斤的力度，才能把拉盖开启。制造拉盖其中一大难处，正是在于如何令使用者(无论他多么柔弱)轻易地把拉盖开启。铝罐拉盖的历史至今已有半个多世纪，发明者是已故的美国俄亥俄州工程师弗拉泽。但在弗拉泽研制铝罐拉盖前的数十年内，很多工程师已努力尝试研制，均告失败，主要问题在于如何令拉盖和铝罐连结在一起，接口又不会脆弱得在开启时折断。后来，弗拉泽终于想出一个既简单又经济的解决办法：① 利用罐顶凸起的部分充当铆钉；② 把附近位置磨薄至少是原厚度的一半；③ 塑造凹凸坑纹；④ 连上拉盖。因此拉盖只需1.5公斤的力度便可开启，罐内的二氧化碳也随着开始往外流泄。如图1-10所示。

图1-10　百威啤酒包装升级

设计阐述：百威啤酒1876年开始酿造，为美国著名的啤酒品牌。最近，其包装进行了新的改变。百威最大的改进来自于其领结式的商品品牌识别的强化，以及大部分的蓝色系的去除，包装以红、白色调为主，使其在品牌形象策略上感觉到更加的有效和统一。新包装由英国的 JKR 公司设计。

1.3.3　包装的美化效能

人靠衣装，佛靠金装。装饰美化是人类文化生活的一种需要，装饰符号具有人类文化的重要特征和标记，它的寓意和象征性往往大于应用性。产品的装饰美化要使包装与物品成为和谐统一的整体，以便丰富艺术形象，扩大艺术表现力，加强审美效果，并提高其功能性、经济价值和社会效益。

当今市场竞争异常激烈，包装设计越来越显示出其独特的美化产品的优势。商品只有经过精心的装饰、美化，才能提高自身价值，勾起消费者的好奇心，并促进他们实现购买。如图1-11所示。

"货卖一张皮"形象地说明了包装设计与商品价值之间的关系，但这并不意味着商家可以只在意包装而忽略质量、品质等方面。良好的包装可以促进产品的附加价值，提升企业的形象和在公众中的信任度。

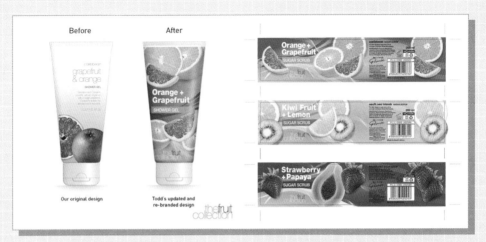

图 1-11 The Fruit Collection 品牌包装重新设计

设计阐述：品牌决定采取一种革命性的方法，重新设计，使得品牌有一个年轻的外观，插画风格、排版和包装都给人一种年轻的感觉，新鲜水果的3D视觉抓住了消费者的注意力，视觉冲击力更强。

1.3.4 包装的促销效能

　　以前，人们常说"酒香不怕巷子深"、"一等产品、二等包装、三等价格"，只要产品质量好，就不愁卖不出去。在市场竞争日益激烈的今天，包装的作用与重要性也为厂商深谙。如何让自己的产品得以畅销，如何让自己的产品从琳琅满目的货架中跳出，只靠产品自身质量与媒体的轰炸，是远远不够的。因为，在各种超市与自选卖场里，直接面向消费者的是产品自身的包装。好的包装在没有服务员推荐和介绍的货架上能显示出独特的生命力，它能直接吸引消费者的视线，让消费者产生强烈的购买欲，从而达到促销的目的。

　　商品是以类别进行摆放的，在同类别中如何让自己的商品脱颖而出，包装设计的新颖性、独特性、色彩的感染力等都是表现的重点。大家都有这样的经历，当去超市购买所需的商品时，实际购买的数量往往会大大超出计划，原因有两个方面，一方面是原本需要但忘记列在购物清单里；另一方面则是随机的购买。当你推着购物车穿梭在货架里时，眼睛通常会有意外的发现，往往是被新奇的包装所吸引驻足，甚至非常感性地将它放进购物车并最终付款购买。这个过程就是典型的包装促销效能的体现。如图1-12所示。

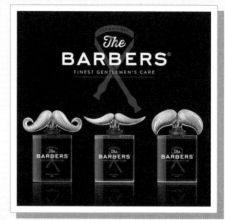

设 计 阐 述：The Barbers是一个理发店绅士梳理品牌，一个典型的小瓶结合胡子形象设计的帽子代表了该产品适用的范围，该品牌标志的设计代表了该品牌一贯传承的口号：每一个真正的绅士都应该让女士优先。

图1-12　The Barbers新香气小瓶的包装设计概念

1.3.5　包装的卫生效能

卫生安全效能主要是指包装产品（如食品、化妆品等）应能保证商品完全安全卫生，即符合卫生法规。它主要包括两方面的内容：一是能有效隔绝各种不卫生因素的污染；二是本身不会带来不卫生的有害物质，因此对包装材料所含有害物质的含量有严格的限制。另外，包装容器在使用中应该是安全的，不应导致对人体的伤害。

做好商品包装的卫生，一是要对产品本身进行防腐、防变质处理；二是包装的科学化，采用新材料新技术改进落后包装，最大限度地延长商品的储存时间。比如，中国的南北方气候差异大，北方的气候干燥，南方则空气潮湿。有些商品会随着湿度和温度的变化而改变，尤其是在湿度变化较大的情况下，食品会发生腐烂变质。这就要求生产厂家要对产品本身做好科学的防腐技术处理，设计者也要在包装材料的选择及结构设计上做最优化。在温度突变的情况下，商品包装会产生热胀冷缩导致商品和包装容器的变形、开裂和破损等，所以在设计上要考虑材料的透气性和保温性等因素。如图1-13所示。

1.3.6　包装的绿色效能

包装的绿色效能主要是指包装中的绿色效率和性能，即包装保护生态环境的效率，提高包装生态环境的协调性，减轻包装对环境产生的负荷与冲击的能力。

具体来说，就是节省材料、减少废弃物、节省资源和能源；易于回收利用和再循环，包装材料能自行分解，不污染环境，不造成公害等。如图1-14所示。

图1-13　BORN&BREAD品牌面包袋的设计

设 计 阐 述 ：新鲜独特，设计在包装上给消费者一种特殊的感觉。面包袋采取不同的设计方法，传达南非艺术以及工艺感，每个面包袋的设计采用特定面包的形象和图标。纯色面包袋使货架有更大的视觉冲击力。让消费者看到产品的新鲜度可以放心购买。

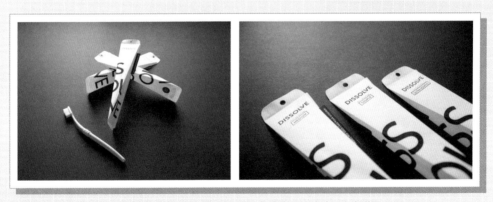

图1-14　Simon Laliberte可持续牙具清洁用品包装

设 计 阐 述 ：包装设计师不得不面对的一个问题是，他们的设计作品的成品最后都要被扔进垃圾桶里面。因此设计师每次都要问自己，至少在他们还在做设计的时候，怎么改变现有的这个问题。如今，Simon Laliberte设计的这款可以持续利用的环保作品为我们提供了一个有趣的答案。

1.4 包装设计的传达

产品生产的最终目的是销售给消费者。营销的重点在于将定价、定位、宣传及服务等，予以计划与执行后，满足个人与群体的需求。这些活动包含了将产品从制造商的工厂运送至消费者的手中，因此营销也包含了广告宣传、包装设计、经营与销售等。

随着消费者多元选择的增加，市场竞争也逐渐形成，而产品之间的竞争也促进了市场对于独特产品与产品区分的需求。从外观的角度来考虑，如果所有不同品牌的不同产品（从蔬菜、面包、牛奶到酒类、化妆品、箱包等）都以相同的包装来进行售卖，所有产品的面貌将会非常的相似。

产品设计必须突出产品的特征及产品之间鲜明的差异性，此差异性可以是产品的成分、功能、制造等，也可以是两个完全没有差异性的相似产品。营销的目的只是为商品创造出不同的感知，营销人员认为能将产品销售量提升的首要方法就是制造产品差异。

若要能吸引消费者购买，包装设计则应提供给消费者明确并且具体的产品资讯，如果能给出产品比较（像某商品性能好、价格便宜、有更方便的包装）则会更理想。不论是精打细算的消费者或是冲动购买的顾客，产品的外观形式通常是销售量的决定性因素。这些最终目的（从所有竞争对手中脱颖而出、避免消费者混淆及影响消费者的购买决定）都使得包装设计成为企业品牌整合营销计划中最重要的因素。

包装设计是一种将产品信息与造型、结构、色彩、图形、排版及设计辅助元素做连接，而使产品可以在市场上销售的行为。包装设计本身则是为产品提供容纳、保护、运输、经销、识别与产品区分，最终以独特的方式传达商品特色或功能，因而达到产品的营销目的。

包装设计必须通过综合设计方法中的许多不同方式来解决复杂的营销问题，比如头脑风暴、探索、实验与策略性思维等，都是将图形与文字信息塑造成概念、想法或设计策略的几个基本方法。经过有效设计，产品信息便可以顺利地传达给消费者。

包装设计必须以审美功能作为产品信息传达的手段，由于产品信息是传递给具有不同背景、兴趣与经验的人，因此人类学、社会学、心理学、语言学等多领域的涉猎可以辅助设计流程与设计选择。若要了解视觉元素是如何传达的，就需要具体了解社会与文化差异、人类的非生物行为与文化偏好及差异等。如图1-15所示。

设计阐述：Bolu是一款印度的茶叶品牌，结合印度建筑的曲线特色，采用了特殊的盒子设计，而且装配使用极为方便，既能够表现茶叶整体的形象，又能够表现出每种茶叶的独立特点。

图1-15　Bolu茶叶包装设计

心理学与心智行为历程的研究，可以帮助了解人类通过视觉感知而产生的行为动机。基本语言学知识[如语音（发音、拼写）、语义（意义）与语法（排列）]可以帮助正确地应用语文。另外，像数学、结构和材料科学、商业及国际贸易，都是与包装设计有直接关系的学科。

解决视觉问题则是包装设计的核心任务，不论是新产品的推广或是现有产品外观的改进，创意技巧（从概念与演示到3D立体设计、设计分析与技术问题解决），都是设计问题得以解决的创新方案。设计目的不在于创造纯粹视觉美观的设计，因为只有外在形式的产品不一定有好的销售量。包装设计的首要作用就在于通过适当的设计方案，以创造性的方法达成销售的目的。

包装设计主要利用"表现"作为创意方法，我们应注重的是产品表现，而非个人风格的彰显，不应该让设计师或销售人员的个人偏见（不论颜色、形状、材料或平面设计风格）过分地影响包装设计。在形体与视觉元素相互作用的创意过程中，将情感、文化、社会、心理及资讯等吸引消费者的因素表现出来，传达给目标市场中的消费者。

1.5 包装设计的目标

1.5.1 目标消费者

消费者购买决策的文化价值与信仰所产生的影响力不可小觑：潮流、趋势、健康、时尚、艺术、年龄、升迁和种族等，都通过包装设计的操作而在商场内展现。社会价值的投射也成为许多包装设计所设定的特定目标，而其他设计所传达的价值是符合更广大的消费民众的。在有些品牌或包装设计的例子中，我们发现它们是以感知价值来锁定特殊的消费者。如图1-16所示。

图1-16 Gower Cottage Brownies精致手工烘焙的糕点包装

设计阐述：Gower Cottage Brownies是一家专门生产自制健康蛋糕和巧克力的产品品牌，它们的市场目标主要瞄准企业礼品市场和那些拥有可支配收入的专业人士。设计师Kutchibok充分挖掘了该品牌的深刻内涵，使用质朴的包装视觉语言，传达精致手工烘焙的产品制作理念。

1.5.2 设计目标

包装设计的目标是建立在相关营销背景与品牌策略的目标上。营销人员或制造商如果能提供包装设计详细具体的信息与精确要点，则会是最理想的状况。比如通过下面一些问题可更多了解包装设计的需求。

谁是顾客？

产品将会在何种环境下竞争？

产品将会被设定为何种价位？

生产成本是多少？

从设计到上市的预定进度？

有哪些经销方法？

产品定位决定了该产品在零售商场中的位置，并提供设计的基础方向。当营销因素被界定后，包装设计的目标就会越来越清晰。包装设计的方法取决于目标的设定，如新产品的开发、既有品牌的系列发展，或品牌、产品或服务的重新定位等目标。如图1-17所示。

图1-17　Exportowe品牌啤酒复古风格包装设计

设计阐述：Exportowe是销往欧洲许多城镇的一个啤酒品牌，定位是反映品牌的历史，在标签设计上，既有欧洲啤酒的情结，也能体现品牌的百年历史，19世纪70年代的标签设计被改变了，但试图保持18世纪和19世纪的复古风格，而不是克隆现有产品的传统形象。

　　一般来说，包装设计的目标针对的是特定产品或品牌。因此产品包装设计可能依据：

① 强调产品的特殊属性。

② 加强产品的美观与价值。

③ 维持品牌系列商品的统一性。

④ 增加产品种类与系列商品之间的差异性。

⑤ 发展符合产品类别的特殊包装造型。

⑥ 使用新材料并发展可以降低成本、环保或加强机能的创新结构。

　　理想的包装设计应该定期做评估，才能跟得上不停变化的市场需求。虽然度量、指标或其他测量方法的使用很难准确判断特定包装设计的价值，但营销人员会通过收集消费者反映并进行分析比较，来重新进行评估。这些方法会帮助营销人员决定包装设计是否达成预期的目标。然而我们不能将最后销售成败完全归咎于产品的包装设计上，许多变数来自于顾客的消费行为。

　　在迎合消费品牌的市场目标时，产品开发人员、产品制造厂商、包装材料制造厂商、包装工程师、营销人员及包装设计师，最终都成了包装设计成败的关键因素。如图1-18所示。

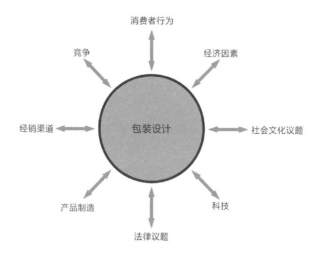

图1-18　影响包装设计的因素

1.6　包装设计与品牌建设

1.6.1　包装设计与品牌

　　如果包装设计已被顾客接受且具有特色时，文字编排风格、平面图像与色彩等设计元素便可被视为专有或可拥有的财产。通常这种专有属性可以通过政府申请合法的商标或注册而取得所有权。在商业的长期使用之下，这些包装设计所涵盖的专有特色与品牌逐渐在消费者眼中产生连接，包装的专有设计则以刻意营造"独特"与"可拥有"的设计取向作为实践目标。

　　如果说包装设计是品牌范畴内的一部分，那品牌又该如何被定义呢？简单来说，品牌就是产品或服务的商号。然而在今天的世界中，"品牌"的使用层面已经无所不包。虽然数十年以来，品牌这个名词一直都大量使用于各行各业中，且衍生出多方面的定义，但从包装设计的角度来看，品牌指的是一个名号、商标的所有权，品牌也是产品、服务、人与地点的代表。品牌所包含的范围涵盖了文具与印刷品、产品名称、包装设计、广告宣传设计、招牌、制服等，甚至建筑物也应在考量之内。

　　根据产品本身、情感含义及如何满足消费者期望等，品牌被消费社会所定义，并逐渐成为将如何在消费者脑海中区别自家公司的方法。例如 Google 公司的包装设计，如图 1-19 所示。

图 1-19　Google 概念独特清新的包装设计

　　设计阐述：谷歌销售产品的包装设计，一份完整的系列产品，采用了谷歌的颜色调色板，是所有客户都希望拥有的收藏品，产品使用了一种独特的艺术形式，松散的插图，给人一种清新，从未有过的感觉，从而获得更多的关注。

1.6.2 品牌定义

我们可以将品牌当做人类来看待，品牌是先从孕育构思开始，经由生产、成长，最后再持续的演变。他们之间都有各自的特征以区分彼此，而产品的设计则界定了他们本身，也传达出他们的目的与定位。"演化"这个名词，甚至常在包装设计界使用，指的是品牌长期的成长与发展的过程。相对于革命性设计的剧烈改变，演化性的设计改变意指品牌里所做的微调设计。

马蒂·纽梅尔在《品牌差距》一书中说道："品牌是一个人对于产品、服务或公司的直觉。尽管我们尽最大努力保持理性，但由于我们都是具有情感且直观的人，让我们无法控制地产生直觉。这样的直觉是属于个人的，往往品牌最终不是被公司、市场或大众所定义，而是被个体消费者所定义。"

对于许多消费者而言，品牌与包装设计之间是没有太大差异的。通过立体材质结构与平面设计传达元素的结合，包装设计创造出品牌形象，并建立起消费者与产品之间的连接。包装设计是以视觉语言阐述一个品牌对于品质、表现、安全与便利的承诺。

名称、颜色、符号与其他设计元素一起构成了品牌基本构成的形式层面——品牌识别。这些视觉元素与它们之间的组合则界定品牌与不同经销商之间的产品区别与服务。品牌识别建立了与消费者之间的情感连接，无论产品是以抽象或具象的概念表达，当概念融入消费者心中时，识别则演变成产品的印象或感知；一个成功的品牌连接建立在"必须拥有"的基础上。例如秘鲁老牌油漆品牌 Tekno 全新的标志和包装设计，如图 1-20 所示。

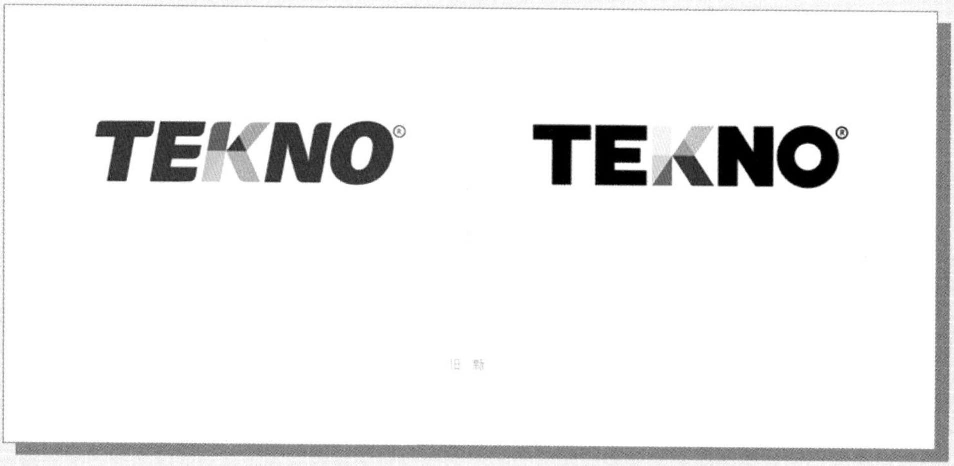

图 1-20

（a）新旧标志对比

（b）新的包装设计

图1-20　秘鲁老牌油漆品牌Tekno全新的标志和包装设计

设计阐述：秘鲁老牌油漆全新的品牌形象从"多彩颜色"的概念点出发，让整个标志中的彩色"K"能够在其他黑色的文字中更突出。其中"K"中的六种不同颜色代表了Tekno所生产的不同类型产品。此次品牌重塑有助于Tekno这个老品牌在现代化的市场获得更多的领导力。

1.6.3　品牌承诺与忠诚

　　品牌承诺是经销者或制造商所给予产品与其主张的保证，在包装设计中的品牌承诺是通过品牌识别来传达的；品牌承诺的实现是赢得消费者忠诚度与产品成功保证的关键性因素。

　　品牌承诺就如同任何承诺一样，是可以被破坏的。不遵守品牌承诺的方式有很多种，而当这样的行为发生时，不但品牌与制造商会失去信用，消费者也可能会因此而选择其他品牌。

下列包装设计的失误，会为产品的品牌承诺与感知价值带来负面影响：

① 没有依据原有设计运作。

② 说明性文字不易读取及产品名称太拗口或难以理解。例如，包装设计上模糊的文字，或未将产品功能说明清楚。

③ 利用设计传达，将产品的优势传达给其他竞争对手，然而实际产品却没有那么好。

④ 包装过度被消费者视为太昂贵而选择不购买。例如，报纸的使用、不必要的模线、烫印箔或其他被消费者视为可笑的华丽修饰。

⑤ 一个不好的包装设计通常是便宜且劣质的。例如，包装设计所使用的材质没有适当反映出产品的品质、价格及特色。

⑥ 与其他商品设计的高相似度，进而造成市场的混淆。

⑦ 产品内容没有如实地标志在包装上（如：净重量）。

⑧ 包装结构难以使用或浏览。

当包装设计演变成品牌形象时，消费者渐渐可以辨别出品牌的价值、品质、特征及属性。站在经销的角度来看，包装设计与产品的关联（从结构形式与视觉特征到抽象的情感连接），与品牌的合法及可靠性密不可分。消费者从它们的区别则可衡量出它们的价值，同时也成为珍贵的财产或品牌资产。

公司一般极为谨慎地管理他们的品牌资产，虽然消费者已经很难区分出品牌与包装的差异性，但品牌识别元素是无价的。

由于他们持续兑现品牌承诺（可信赖、可靠、品质保证）而使得他们拥有强而有力的资产，因此品牌就衍生成专业类别的领袖。在消费者倾向于购买品牌的前提之下，他们的购买选择性会减少，但消费品牌的次数却会变高。

对于既有的品牌而言，文字编排、符号、图像、人物、色彩及结构等都是包装设计中可以成为公司品牌资产的视觉元素。而新品牌的建立则因为市场资历尚浅，故没有任何可运用的既有资产，因此包装设计便是负责将新的产品形象带入消费者眼中。

品牌概念以信任为基础，信任则是建立于消费者使用特定品牌产品所产生的愉快经验之上。若有良好的使用经验，消费者会因期待下次相同经验的发生而持续购买。在消费者的心目中，品牌之所以会成功是因为履行了自己的承诺，因此消费者建立了个人偏好而持续购买该品牌的产品。此偏好的建立便达成了制造商的最终目的：品牌忠诚。当消费者忠实于特定品牌时，他们愿意花较多的时间去搜寻，也会因为对品牌的坚信不疑而愿意以更高价格购买产品。优势性与持续性是组成品牌忠诚不可或缺的重要价值，有些忠实顾客对于品牌有着狂热的执着。

1.6.4　品牌重新定位

品牌重新定位指的是公司重新拟定产品的营销策略，以达到更有效的市场竞争。重新定位是对既有包装设计的视觉品牌资产做评估，再确定设计策略与竞争优势，最后进行商品重新设计。既有产品的新策略方向则会在这个过程中出现，重新定位的目的在于提升品牌定位与市场竞争能力。

以下是重新定位过程中的首要问题：

目前的产品包装设计有哪些优势？

消费者有没有注意到目前包装设计的视觉特征或"暗示"？

包装设计是否有市场优势的"可拥有"特质？

包装设计的个别区别性是否有效地与其他相似产品进行区分？

如果前三项问题的答案皆是肯定的，那代表在重新设计的过程，包装设计已经有自己的品牌识别或视觉元素，故在重新设计时必须小心谨慎地规划。重新设计的主要目标在于如何在保有既有品牌资产的基础上，增加市场获利。

品牌发展到一定程度，会有新系列产品产生，这时，必须要将既有的品牌资产与新的经销目的纳入考量；既有设计元素的保留是为了维系消费者对于品牌承诺的认知。

品牌扩展可以是将品牌延伸至同一类别的新产品或是大胆地开发新类别。根据产品本身，其延伸范围可以包含不同种类、口味、成分、风格、尺寸与造型。在某些情况下，它也可能是新的包装设计结构或是对品牌识别具有演化性或革命性的改变。

个人护理类别（脸部、身体及毛发）是品牌扩展中的典型范例，不论是专门修护或针对特殊皮肤或毛发，任何特定品牌的旗下都有无数个商品；系列产品提供消费者选择同一家制造商的更多不同种类的商品。如图1-21所示。

　高效益的品牌，往往会以相同种类产品的相似包装外观来建立他们的包装设计视觉外观。色彩、排版风格、人物的使用、结构与其他设计元素便成了消费者的类别线索。

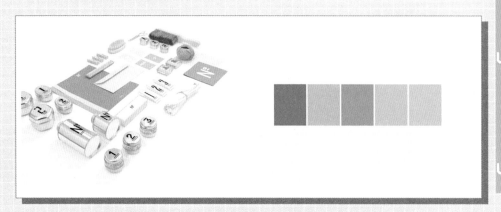

图1-21　Shou-Wei Tsai男士护肤和美容套件包装设计

设 计 阐 述 ： 伦敦设计师Shou-Wei Tsai完成的男士护肤和美容套件，从不同的产品款式到字体，该款护肤产品的包装都表现出了强大、干净、阳刚的感觉，同时兼具冷静与自信的气质。

02

第 2 章

包装设计
——发展与创新

Package Design

2.1　包装设计的发展

包装设计的由来与人类文化的兴起有着密不可分的关系。科技、原料、制造及消费社会的发展造就了包装的需求。而文明的发展、贸易的成长、人类的发现、科技的发明及无数的全球化活动促进了包装设计的诞生与发展。

2.1.1　包装设计的萌芽

包装设计的萌芽起始于公元前8000年，由于人类对于物品包装产生了需求，因此许多自然材料，如编织的草与布料、树皮、树叶、贝壳、陶器及粗劣的玻璃器皿等，当时都被视为包装物品的容器。空心的蔬菜、胡萝卜及动物的膀胱是玻璃瓶的创作原型，而动物皮肤与树叶则是纸袋与保鲜膜的前身。

2.1.2　包装设计的开始

商业最基本的概念源自于早期文明的贸易发展。天然产物的不同利用方式也成为某些区域的特产，而其他的产物则被特定部落或社群视为产品。不论何种情况，当人类开始在世界各处旅行时，也开始对特定区域的产物产生了需求。而高度的文化发展，使得人类逐渐脱离了游牧生活，早期的货物交换则成了今日的经济，也就是产物经销与消费的科学。

在15世纪中叶，安德烈·伯恩哈特及其他早期德国造纸厂商，最先在自己的产品上印制商标。伯恩哈特在包装纸上印制图腾的行为，让包装纸开始具备了商业用途，最早的包装设计就是从这里开始的。如图2-1所示。

图2-1　茶的包装插图

设计阐述：1800年，Thomas Bewick 与其全体师生所刻的木刻版画。Blanche Cirker 及其编辑人员所编辑。1962年，纽约，多佛出版公司。1559年，当茶被引进欧洲时，商人发现必须在货物上印制商标，并提供货物的信息，除此之外，为了改善销售量，使商品更具有视觉吸引力也变得非常重要。

当时张贴于建筑物两侧的招牌与传单，都是宣传法规跟政府法令的相关公告，这形成了早期广告宣传的雏形。而刊登广告的手法便是早期包装设计的描述。那时也有一些卖主会在英国报纸刊登有印刷标签的药罐或有插图的包装纸的广告。包装设计所强调的包装视觉经验，其实就是销售的关键要素。

当设计原理开始需要以生动的视觉图像来传播资讯时，一般都会选择使用一些日常生活的素材。尤其当商品日渐普及后，贸易的活络则增加了包装的多元性，以提供商品更多的保护或保存。简单来说，现代包装设计的基础包含了不同种类的瓶罐、包装及商品内容物的画面描述。

2.1.3　包装设计产业的成长

到20世纪30年代初期，包装设计产业日趋成熟。多种出版物提供了供应商、设计师及客户领域的最新讯息，有着重于包装设计的杂志，如1930年发行的《广告年代》，还有其他针对专门领域的杂志，如《美国药商》、《茶与咖啡贸易杂志》及《新食品商》。1927年的《现代包装》杂志以及1930年的《包装记录》都指出了这正在成长的产业其专业的复杂性，消费品公司必须与各领域合作，其中包含了包装设计、广告商、包装材料制造商、印制厂及其他可以产生生产作用的领域。

供应包装材料的制造公司，对于一位包装设计师来说，是不可或缺的重要资源。像印刷厂等公司，常被要求提供技术与创意的支持，并提供可使用的材料样品。

许多大型企业都设计了包装发展部门，如1929年的杜邦与1935年的美国纸箱公司。因此设计公司、制造商的内部工作人员及供应商的员工彼此的合作关系成为了包装设计的三大重要组成部分。

1930年的广告公司，像NW爱而，就提供了包装设计的服务。雅芳产品跟西尔斯·罗巴克等消费品公司，皆额外聘请设计人员，以显示他们对于包装设计的高度重视。而其他企业则聘请专业工业设计师——"消费者工程师"与"产品设计师"，希望可以借由他们的艺术能力来满足消费者的设计要求。这些新工业设计师是具有领导创造力以支持现代消费产业的专业人才。现在包装设计的领袖皆来自于不同背景，如华特·道文·蒂克及约翰·瓦索的职业生涯始于广告产业；唐纳德·德斯基、诺曼·贝尔、罗素·莱特及亨利·德赖弗斯则始于剧场设计；而来自于法国的雷蒙·洛伊威则始于时尚设计。埃德温·舍勒、洛伊·谢尔顿与弗朗西斯科·詹妮诺托及以上的这些工业设计师，都能毫无困难地游走在产品与包装设计之间。

为了避免制造出不能生产的产品或不能运用当时机械与生产线生产的商品，认识包装设计的技术因素成了当时包装设计师的一门重要学问。成功的要诀便是对于包装材料、制造、印刷、标志及运输有广泛的认识。

第二次世界大战后，超级市场及预包装食品的激增对包装设计产业产生了重大影响。相较于以前的产品必须经过当地店员称重及包装，这种新市场的包装容器则是独立存在的。此转变彻底改变了未来的消费市场，消费者渐渐地开始不依赖店员所提供的产品信息。虽然欧洲许多地区的商品依然是以散装的方式贩卖，但美国的新大众行销方式却是商品以预包装的形式买卖。

20世纪40年代末期自助商店的增加，要求包装设计必须有高度的识别性，因此包装设计也被称为"沉默的售货员"，如图2-2所示为伯宰冷冻食品部门的包装设计。然而在没有推销员的状况下，一些特定的品牌也很难推销商品。后来的包装设计被推向更为有力的行业，忠实于为那些有鉴赏力的消费者提升产品品质，并让消费者产生品牌认同，成为产品行销的一部分。在这竞争激烈的市场中，包装设计负责产品品牌提升及如何将其产品特色显现于货架上。食品制造商不但需要为食品行销，同时也必须兼顾品牌管理、产品行销、广告宣传，因此包装设计顾问的需求也极速增加。

图2-2 伯宰冷冻食品部门的包装设计

2.2 包装设计发展的社会因素

2.2.1 社会形态的变化

　　包装的发展与社会经济密不可分，经济的繁荣带动包装的进步。包装与人类的生活密切相关，是人类社会发展的必然产物。在人类文明漫长的发展过程中，科技的发展、社会的变革、生产力的提高等都使得人们的生活方式和生活环境有了改善，这些都对包装的功能和形态产生了很大的影响与促进作用。

　　旧石器时代原始人类以打击石器为主要特征，由于人类受到工具及生产力水平的限制，他们无法单独在自然环境中生存，只能群居洞穴，靠双手和简陋的工具以打猎、捕鱼和采摘野果为生。他们的生存环境恶劣，食物和饮水对于他们的生存十分重要，于是原始社会人类使用树叶、果壳、贝类、竹筒、葫芦等天然材料来盛装饮水、包裹食物，这就是包装的最原始形态和作用。

　　人类经过了漫长的脑与手的进化之后，开始进入有意识的创造性劳动阶段。商业最基本的概念源自于早期文明的贸易发展。天然产物的不同利用方式也成为某些区域的特产，而其他的产物则是被特定部落或社群视为产品。不论何种情况，当人类开始在世界各处旅行时，也开始对特定区域的产物产生了需求。而高度的文化发展，使得人类逐渐脱离了游牧生活，早期的货物交换则成了今日的经济，也就是产品经销与消费的科学。

　　中古时期中国、罗马及中东等地区的商业社会，皆是借由货物的运输买卖以赚取金钱。而当人类开始在世界各处闯荡时，货物运输的范围也逐渐拓展开来，也因为有了长途运输等因素，包装显得越来越重要。以中国封建社会发展为例，隋、唐时期是中国封建社会发展的鼎盛时期，中国与西域之间的交流越来越多，"丝绸之路"和"茶马古道"的开拓架起了中西方的商业交流平台，包装也在这些商品交换中扮演着越来越重要的角色。唐代，社会发展空前繁荣，国力强盛，经济发达，此时的包装在继承前代各类包装特色的基础上继续发展，并呈现出独有的特点。如佛教在唐代达到鼎盛，用于佛事用品的包装用材考究，纹饰带有强烈的宗教色彩，风格庄严、神秘，在注重功能的前提下，更多阐述了人对神的敬畏和祈求庇佑的心理。唐代造纸术的进一步发展对包装行业也有了更大的促进作用，纸质的提高和品种的增加使得包装的形式和档次提高了很多，纸质包装多用来包装茶叶、食品和中药等。《梦溪笔谈》中讲到"唐人重串（穿）茶粘黑者，则已近乎串饼矣。"从中可以知道当时对紧压茶传统的包装方法，其茶叶被紧压，茶团外用纸包裹，与现在的茶饼包装基本一致，究其用纸包裹的原因，唐·陆羽《茶经》上说到"纸囊，以剡藤纸白厚者夹缝之，以贮所炙茶，使不泄其香也"。此时茶叶的包装纸被称为"茶衫户"，由此可见纸张作为一种包装材料在当时已得到人们的认可和广泛的使用。

2.2.2　工业化的发展

18世纪是欧洲商业扩张的重要时期，尤其是城市的快速成长及财富在社会层次的普及。科技进步与人口增长让厂商开始使用生产线进行生产。大量生产所带来的结果便是廉价的现成品。

社会的繁荣带来了消费者更多的需求，也促进产品因追随消费者的脚步而逐渐成长。包装设计中，像是罐装啤酒、解毒剂、罐装水果、芥末、别针、茶几粉末等产品的包装，都标明了制造厂商，并且明确传达了产品的用途。

在18世纪末有三项几乎同时发生的重要创新：纸袋机器的发明，平版印刷术的产生，美国包装的发展。这些创新很大程度上促进包装行业的发展。

1798年，法国人尼古拉·路易斯·罗伯特发明了造纸机，让纸可以快速生产并且以低价格售出。这台机器所使用的循环式皮带造纸，代表着从此无需使用个别模具的手工制造流程。

欧洲造纸机开启了纸的大量生产时代，并在十九世纪初期影响了美国。人们根据这种机器生产纸的方式发明了厚纸板制造机。这项发明促进了纸的发展，从早期用来书写与用来传递信息的纸张，发展到用来包装的厚纸板。

继中国造纸两百年后，英国于1817年首先推出商用纸盒，这也是19世纪初所出现的最具有革命性的突破。1839年，纸板包装则普遍应用于商业行为，并且在十年之内发展成各式各样产品的包装盒。1850年，瓦楞纸板的出现带来了更耐用的纸箱。除了是很好的次要包装材料，也可以在运输的同时盛装多种物品。随着制造厂商之间的激烈竞争，更多提高生产效率与降低成本的特殊机器渐渐出现。

1852年，Francis Wolle是美国第一位发明纸袋制造机器的人，而这台机器也成为他的专利。1869年，他与他的弟弟跟其他纸袋制造厂商建立了联合纸袋机械公司。

一直为哥伦比亚纸袋公司工作的职员Margaret Knight，则发明了新的纸袋制造机器，此机器可以通过切割、折叠及粘贴后制造出一个方形的底部。在这项发明前，纸袋的形状比较像是信封袋。这项发明也让她通过法律途径，终于在1870年争取到了她的专利权。被称为纸袋之母的玛格丽特·奈特后来创立了东方纸袋公司，同年获得了发明的其他产业机器的专利。

来自于布鲁克林的美籍印刷工人罗伯特·盖尔，在1890年发明了纸箱的制造机器。此项发明来自于一次印刷意外，由于金属尺的意外跑位，让盖尔发现了只要经由裁剪与折叠的一次操作，他便可以制造出纸箱的基本形体。大约在1900年，贸易运输所使用的纸箱都被自制箱子与木箱所取代。这也是我们今天所知道的麦片盒起源，如图2-3所示。

图2-3　最早的桂格燕麦片包装设计

1900年开始，美国与英国的纸箱与锡罐制造业逐渐壮大。而贸易范畴的扩展，不仅需要专门制造纸箱的机器，还需要有其他功能的机器，如内容物的称重、承装及密封等机器。

考虑到消费者担心购买的金钱都浪费在包装材料上，许多制造业者不但在包装上印制他们的商标，同时还印制价格。如此一来消费者便知道自己所付出的金钱并非使用于包装材料的购买或是经销商的额外收费。茶包的标签则是最早开始标示产品信息的，如重量及价格。

"首创且优质"的家乐氏玉米片（Kellogg's® Corn Flakes）用纸盒来包装他们的产品。在其纸盒外面则用了瓦克斯泰特（Waxtite®）的热蜡密封袋，并在上面印制它的品牌产品信息。如图2-4所示在推出一阵子后才将瓦克斯泰特从外包装改为内包装。家乐氏麦片盒将结构与品牌视觉元素密切结合的行销手法，显示出他们对于品牌的重视，同时也深刻地认识到自己品牌所散发出来的力量，最后也建立了他们自己的包装设计流程。

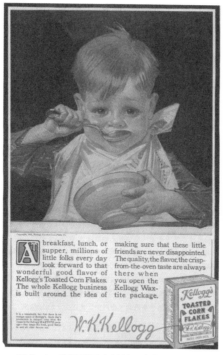

图2-4　家乐氏玉米片的瓦克斯泰特广告

　　19世纪产品的包装材质与设计的相互依存性变得很重要。在消费者的眼中，产品与包装建立了关联性，也就是将产品与包装视为一体，而且是等同的。火柴没有火柴盒是不能被贩售的，干货应使用正当且买得起的方式，使其产品可以被装入盒子及储存，罐头食品则应该提供安全的腌渍食品与消费者的便利性。

　　接连不断的技术革命也让包装产业不断的进步，为了增加食品选择的丰富性，人们开始讲究日常生活水准的改变与包装设计需求的增加。铝箔纸的发明始于1910年在瑞士建立的第一座铝工厂，此项发明使得药品及其他像是草及巧克力等空气敏感产品得以有效的密封。而玻璃纸的发明则始于1920年，此发明标志了塑料时代的来临。从1920年以后，每十年都会产生新的塑料材料。至今的塑料，不论其形态或配方，都是包装设计及产品中最广泛被使用的材料。

2.2.3　新经济的形成

　　由于欧洲的工业革命影响，19世纪中叶的生活形态发生了剧烈的改变，从早期的农耕社会转变成都市生活。尤其是经济消费的增长、女性的社会地位，其至家庭的大小与特征，都改变了自然定律。直到此时，许多产品依然被视为"马车贸易"或是专为上层社会所消费的奢侈品。新机械与科技的发明改变了这样的状况，使产品与服务的范围得以推广。制造商使用铁路与轮船进行贸易，此方式让长途货物运输容易许多。而包装设计市场的大幅成长造就了产品的行销与经销。

1913年，亨利·福特设立了生产线后，美国便开始大量生产的机制。此时政府机构则致力于如何发展自由市场的体系，但同时也希望能保护消费者权利的议题。1906年制定了联邦食品和药品法案，此法案也是包装设计史上首度推行的条例，其主旨在于禁止使用那些不正确或是具有误导性的商标。然而此法令不需标明准确的商品成分，精确重量或是计量标准，因此法案到最后却是难以预防误导性的包装。1913年，古尔德修正案制定了食品内容物的净重量标示。此修正案声明，如果商品无法将其重量、剂量、数量等内容物清楚标示于产品包装外时，此商品则视为错误标示。然而当时许多人认为此修正案对于维护消费者权益的帮助不大，主要的原因是许多消费者不重视商品上的重量标示，其消费行为主要依据产品本身的大小与形状。美国高等法院法官路易斯·布兰斯描述当时采取"买者自慎"的行为准则，也就是说，消费者购物时有责任检查所购买的货物是否有问题。在消费者小心翼翼地预防次级品或不纯净产品时，正直的商人为了保护消费者，同时也为了提升自己品牌的知名度，便在商品上标上自己的商标。

商标产品逐渐地建立起来，像是亨氏、象牙牌及雀巢等品牌商标，都在寻求改良产品本身以吸引民众，同时也通过广告媒介的传播让他们成为全世界知名品牌。产品的包装设计主要针对报纸广告、商品目录、招牌与海报的设计为主。由于这种图像形式的广告需求量大幅度增加，也间接地对包装设计的发展产生重要影响。

历经几十年的都市化与工业化，美国在第一次世界大战后被标榜为可以增加商品供应量的大量生产国家。1920年，许多公司为了响应战后的消费主张，间接成就了广告的繁荣。许多快速推出的新产品创造了新的需求，同时也强迫大型制造商寻求新的商品贩售方法。产品贩售方式的改变让产品不仅要美观，也必须使商品与商品之间要有所区别，更重要的是要反映出消费者不断变化的消费价值。如何行销产品成了商品贩售的重点，而包装设计产业的发展也成了消费品公司的重要战略。

1930年，美国的中产阶级发展成主要的消费群体。女性在当时的经济成长中扮演了重要的角色，主要原因来自于许多家庭用品的消费权利都落在女性身上，因此许多行销策略主要都在针对这个消费群体。1937年，标注食品商店发明了购物车，这个发明急剧改变了购物形态。与其向店员索取所需之商品，不如让消费者亲自挑选所购买的商品。这项工具增加了消费者一次购买的商品数量，同时也激励了这些零售商。当时社会各个经济阶层的妇女，都成了消费购物的主要群体。他们通常对于在购物时能鉴别合理价格的商品而感到自豪。而在商品种类的选择性变多时，商品之间的竞争也试图以包装吸引消费者的注意。借由广告来促销商品是一种很普遍的行销手段，如图2-5所示为伯宰食品的第一支广告。

图2-5 伯宰食品的第一支广告

2.2.4 消费者权益的保障

1962年，肯尼迪总统首先在美国国会中提到消费者权益的问题。他认为消费者的知晓商品的安全性、资讯、选择性、新鲜度、便利性及吸引力等权利需

034 **包装设计** 从入门到精通
PACKAGE DESIGN

要受到保护。而现今的监管机构之间的隔阂如食品与药品管理局、美国联邦贸易委员会及美国农业部，代表着民众的消费权利未受到适当的保护，因此，在消费者权益集团与总统消费者业务的特别助理埃斯特·彼得森的共同努力之下，肯尼迪通过了公平包装与标签法。

公平包装与标签法的通过，强制了标签与包装的标准，商品公司为了符合新建立的标准，故必须修改他们原本的包装。由于这项新需求，设计公司开始扩展到包装设计的领域。

2.3　包装设计发展的技术因素

2.3.1　文字的发展

包装产业的兴起，归功于产品的内容物必须通过外观的图片和文字来表达。早期的苏美人通过在包装上做标记或画图，使得语言的沟通从口说进步到书写，并可将信息保存下来。这些图示最终都演变成音符符号，如图2-6所示。此文字不但持续了两千年，而且还在许多不同文化中都成为一种沟通的方式。而英文字母的诞生，则是受到腓尼基人发明的单声符号的影响，后来演变为语文书写的根基。

古老的符号是现今商标的前身，这些符号的需求是不同人因需要建立身份认同而衍生出来的，而身份认同则有三方面的考量：社会认同（它是谁）、产权（谁拥有它）及出产（谁制造了它）。

在书写的方式开始盛行之后，写作产生了纸张的需求。从公元前500年开始，纸草卷及干芦草所制成的纸张，成为了最便利的书写纸张。而全世界最早的纸张则是约公元105年在中国发现的，身为东汉和帝的朝廷官员蔡伦，则是最早造纸成功的人。

研究者发现了在东汉时期，这些纸张所除了书写之外，也当壁纸、卫生纸、餐巾纸及用来包装的包装纸。造纸的技术经过一千多年的演化，发展到中东，公元750年扩散至欧洲，1310年传到英国西部，最后在1600年抵达美国。

至今，纸上书写演变成现代印刷。

图 2-6　早期符号

设 计 阐 述：希腊人使用了腓尼基人的字母，并将其转换为优美的造型，不但使文字几何化同时也标准化。这也开启了文字造型设计的先河。

2.3.2　印刷术的发展

最早的印刷始于公元前305年的中国木刻版印刷及1041年陶土制的活字版印刷。1200年洋铁则在波西米亚出产，此时欧洲的印刷术开始流行。约1450年古腾堡发明了印刷术，他的活字版印刷可以使用不同木头或金属的字体替换，因此也造就了其他领域的蓬勃发展，如纸张、油墨、书本等，古腾堡的发明并非纯粹的个人发明，而是将几个世纪前所发明的技术做全面的结合。活字版印刷的贡献在于可以将印刷的价格压低进而大量生产，此技术也导致了纸张的大量需求，同时大众传播也有兴起的迹象。

2.3.3　平版印刷的发展

1798年，阿罗斯·塞尼菲尔德发现平版印刷的原理，也成了包装设计史上的里程碑，更因大量生产的发展而有所进步。当时因为所有的纸箱、木箱、瓶罐及锡装器皿都有标签纸，因此平版印刷的发明对于标签纸的印制也有重大的贡献。在这之前，所有标签或包装都是以人工方式将木刻版印制在手工纸上。到了19世纪中叶，印刷术甚至发展到能以大量生产的方式做出彩色印刷。壁纸印刷术的发明则是受到当时艺术风气的启发，同时也影响了标签的设计、箱子及锡制品。

在活字版印刷发明400年后，奥特玛尔·默根泰勒在1884年发明了自动排铸机，此部机器在当时被视为高级印刷术。这项发明彻底革新了印刷产业，成为第一台机械化活字印刷机，这部机器使用不同方形金属块组成，创造了固定排列式的文字。每块方形都是金属制成，通常所需要的文字皆会被雕刻或印制于黄铜上，再将所需要的文字以机械式的方式放入模具制造机，以创造条状的活字。而当使用完时，可将活字熔掉，如此能不断地重复使用。此方法比手工排版方式的速度快许多，更重要的是可以减少员工需求。对于印刷来说，自动排铸机所创造的是一种新的自由，而这种自由也使得视觉传达开始活跃于报纸、书籍、标签及其他种类的包装。

在1887年的平版印刷者名录中，包含了发明以机械制造纸盒的罗伯特·盖尔及制造彩色雪茄盒的乔治·哈里斯父子。上市的企业则以"标签制造商"、"标签——雪茄"或"药商的标签"等做为自己的头衔。1888年，雪茄标签的平版印刷，甚至成为《纽约太阳报》的一则新闻，其中有一段提到，"几年前人们曾经以为任何图片印制在雪茄盒上都多余"。在那个时候，雪茄标签的花费大约是每一千盒十美元，而今日的价格则平均以五十美元成交。这也显示了其标签的价格通常比雪茄来得贵。

2.4 包装设计的创新发展

不同的时代，不同的需求，不同的商品包装设计。当今世界巨大的发展变化要求包装设计者必须坚持创新设计，张扬个性和魅力；融合文化，沟通民族与世界；提升品位，彰显内涵和审美；更关怀人性，迎合时代发展及需求。只有这样才能使自己的作品永葆无限的美丽，因而包装的发展应该符合以下几点要求。

（1）包装的绿色设计

水灾、地震、酸雨、水土流失、草原退化、水源枯竭等自然灾害逐年增加，甚至有愈演愈烈的趋势。经济的快速发展加快了对自然生态环境的破坏，各种包装固体废物随着人民生活水平的提高，人们对商品需求量的增加而增多，被丢弃的包装固体废物加剧了环境的污染。面对这样日益凸显的环境问题，人类陷入了思考，20世纪六七十年代以来人类就开始意识到传统生产方式高强度地消耗着自然资源，特别是近半个世纪，人们对自然生态资源的过度耗，使生态遭受到前所未有的破坏，加快了自然灾害的发生。保护环境维护自然生态的平衡，节约能源减少污染的热潮从西方发达国家掀起，这股热潮也影响到了中国，近些年来，中国政府也提出了"低碳生活"的口号，这将有利于保持自然环境的原生态，促进中国经济的可持续发展，注重节能减排的低碳生活方式也在呼唤着生活用品的低碳设计，这就要求在设计产品包装时，始终秉承节约的原则，使包装在满足了安全性、便携性及舒适性等功能要求以外，更要符合环境保护和资源再生的要求。促进包装业的可持续发展，促进人类与自然生态环境的共同繁荣，就成为我们大家面临的共同课题，同时也成为包装设计师必须思考的首要课题，图2-7所示为符合绿色设计的硬纸板GE节能灯包装。

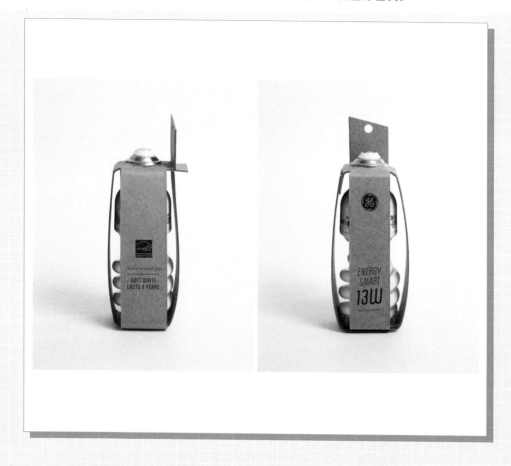

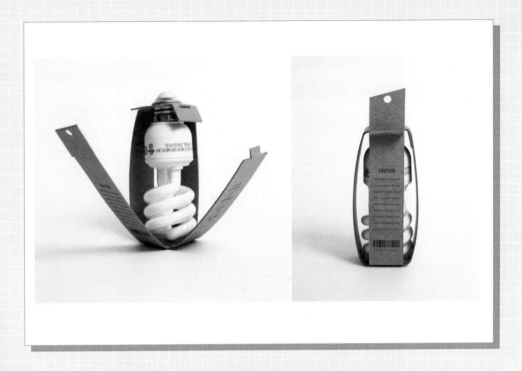

图 2-7　硬纸板 GE 节能灯包装设计

设 计 阐 述 ：这是学生 Michelle Wang 为 GE 节能灯设计的一款包装，它使用回收的刨花板（足够硬）为包装材料，不使用胶水并尽可能少的使用油墨。Michelle Wang 的基本想法就是设计一款真正的环保包装。

（2）包装设计的个性化

当前个性化已经是营销手段的重要策略，个性化的思想已经延伸到各行各业，包装设计在产品的销售过程中担当了重要的宣传媒介，个性特征会加强消费者对其包装产品的认识。个性化包装设计是一种牵涉广泛而影响较大的设计方法，主要是针对超市、仓储式销售等因销售环境、场地的不同而采用的不同的设计方法。超市作为商品销售的集中点，是产品的内在质量和外部包装优劣的最终检验场所，所以包装设计的个性趋势同样在此展现出来。时代在不断地发展，设计师要有较强的社会洞察力，要密切关注社会的发展，了解人们的需求，要以敏锐的视点关注包装设计潮流，以及印刷技术及印刷设备的更新、材料的更新等问题。只有把握好时代的脉搏才可能走在设计的前沿。个性鲜明、突出、视觉效果强烈的包装设计必定会在琳琅满目的货架上引起消费者的兴趣并被消费者所接受，如图 2-8 所示为个性化的意大利 Sandro Desii 食品公司品牌形象设计。

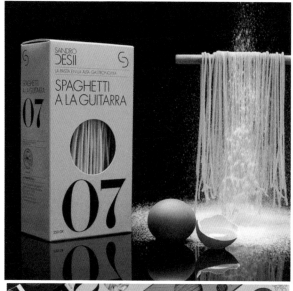

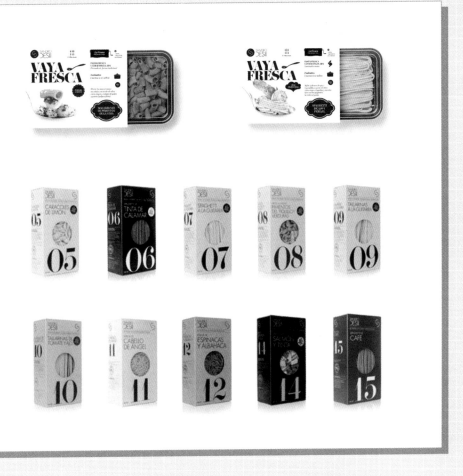

图 2-8　意大利 Sandro　Desii 食品公司品牌形象设计

设 计 阐 述：巴塞罗那的设计机构 Lo Siento，为意大利面食和冰淇淋制造商 Sandro
Desii 设计了商品包装形象以及品牌标识。其设计意图旨在为该品牌创造一个显著的身份
识别形象，使雇主和消费者对该产品进行准确的定位，根据产品目录以及组织系列产品线
的不同对产品加以区分。

（3）包装设计的电子商务化

　　网络作为传递信息的载体已渗透到全球的每一个角落，需求与分配的组织
化已不分国家、市场、投资、贸易等大小，一律将通过网络来完成，按照网络
秩序来活动。电子商务是销售的新型工具，互联网零售业在我国已经存在了十
多年，如淘宝网、京东商城、当当网等购物网站深受人们的喜爱，它让网络购
物变得十分简单、安全、可信，不受时间和地点的约束。由于网上购物提供的

是完全不同的顾客体验和环境，许多传统企业正面临挑战，网络技术彻底改变了顾客的消费行为和消费模式，包装的促销功能也将随之被淡化。社会进入到电子商务时代，使商务活动变得电子化、信息化、网络化和虚拟化。网上产品包装也从实体转向了虚拟，所以对包装的功能也提出了新的要求。在网上购物时，顾客不能接触产品，也不能在电脑空间中仔细地观察包装，因此网上的包装如何包装产品、如何说服顾客、如何发挥超市货架上"无形推销员"的作用呢，这个问题在电子商务中非常重要，因为网上包装的介绍不仅能提高访问者的数量，而且还能增加电子商务购买者的数量。针对现状，包装设计师应该重新评价网上包装是否能够有效地辅助电子商务，研究出适应电子时代的包装设计战略，如图2-9所示为韩国banner网店海报的设计。

图2-9 韩国banner网店海报设计

（4）包装设计的防伪功能

随着防伪技术的发展和用户包装防伪要求的日益提高，防伪包装成为包装企业和包装使用者谈论越来越多的话题。现代科技的高速发展，一般的包装防伪技术对造假者已不再起作用。他们通过对市场上名牌产品的包装做细微的变化来混淆视听，如五粮液酒厂生产的金六福酒被一家小厂仿制成金大福。他们直接利用高精度的扫描仪获取金六福酒包装的设计效果图，再通过Photoshop等图形软件进行加工处理把"六"改成"大"，保持整体效果不变，使消费者在初看之时不易察觉所做的改动，以次充好，以假乱真。

市场需求也在刺激包装防伪技术的不断进步，也使包装制作企业不断开发新产品，并积极与专业防伪企业联合满足企业包装防伪功能的要求。防伪包装从最初"贴膏药"的加工方式正在向包装材料防伪和包装设计防伪印刷方向转变，如图2-10所示。我们在市场上会看到很多商品在包装盒上，加贴防伪标签和防伪防揭封条，如乐百氏采用了独特的封箱带；有的在包装盒外使用激光全息薄膜封装，如联合利华的高露洁牌牙膏采用激光全息薄膜；有的则利用包装和内容物进行防伪，如西安制药厂利君沙的水印纸说明书；有的对包装容器本身进行专利设计以达到防伪的目的，如乐百氏儿童饮品采用了独有的旋风盖。多种印刷设备的并用及多种工艺的相互渗透，如将胶、网、凹、柔、烫印及喷码等工艺组合使用，可使印刷图文更加变幻莫测，丰富多彩。同时，采用组合印刷技术的包装产品为造假者设置了重 重障碍和阻力。

图2-10　酒瓶图案防伪印刷

商家、印刷企业和设计公司等为防伪作出的共同努力使那些假冒伪劣商品因复制成本过高或效果不逼真而遭击退。因此，包装防伪是产品防伪的第一道防线，做好综合防伪则是未来包装防伪的发展趋势。因此包装设计的创新方法与融汇高科技成果的印刷工业技术强强联手，追求精辟独到的原创性和独特视觉效果是未来包装业可持续发展的一大方向。

包装设计
——计划、生产

3.1 设计程序

3.1.1 营销概述

对于任何包装设计产业的相关人员而言，对设计程序的认识是极其重要的。辨别符合产品理念的包装设计如何落入消费者手中的方法是复杂的，此过程始于产品的实际操控与明确的产品营销目标。

策略性的营销目标可被称为"营销概述"，该文件是认识产品与品牌的营销策略与零售目标的第一步。它是一份简洁而且全面性的报告，其中总结了所有创意团队需要了解的市场情况。这份文件应提供具体的方针，但同时也具备了探索广泛设计方向的开放空间。一个可以将营销人员的目标描绘出来的"营销概述"，则会促进设计构思程序的形成。

"营销概述"需提供：

公司与品牌的背景资料

计划的性质与范围（产品特征）

市场调查（趋势、竞争）

目标市场（人口统计、消费者洞察力）

时间表

预算与成本

生产问题与限制

相关法规

环保政策

大型的商品公司通常提供综合"营销概述"，其中包含大量质化与量化产品研究资料的收集。量化研究包含了应用于市场评估的事实数据的收集与分析。质化研究则是提供消费者个人或小团体的访问。该研究必须考虑到产品的品质或情感方面（包括消费者价值观态度与反应）的因素。

计划的相关概述提供大量的消费者意见，是设计程序的重要部分。此信息也提供消费者的生活方式、消费模式、习惯、审美风格与态度，同时有助于创意团队市场概念的产生。

当创意团队无法从客户手中取得"营销概述"，或是概述并非很详尽时，设计师有责任询问并进行了解。创意团队在初步阶段拥有越完整的信息，成品接近客户期望的可能性才会越高。

3.1.2　设计方案

一个设计方案是描述计划执行的过程，主要说明应用方法与进度（什么时间要交出什么成果）。条件核准、成本、收费与开销都涵盖在设计方案中。反复强调包装设计的营销目标不但有助于双方对于计划的一致认同，同时也让客户设计团队及供应商之间产生共同认知，这决定了作品将如何被认同及如何分享资讯（利用电子邮件或是面对面会议）。所有权与代表性等机密性协定应该在这个阶段达成。当方案成立后，双方应该讨论任何有关计划的问题或重要事项。

设计方案大纲

设计方法

第一阶段：研究与分析

第二阶段：初步设计

第三阶段：设计发展

第四阶段：最终设计修饰/模型制作

第五阶段：生产前置作业与数码制图

计划协议

会议/提示时间

费用与开销

外包服务（供应商、插图、摄影、生产、印刷）

生产进度表

设计方案的大小取决于计划目标、客户与客户预算及设计师或设计公司。

3.1.3　协议条款

客户会检查并评估设计方案的规模与互利的合作关系的可行性，同时也会参考其收费与协议。

　　一旦设计方案被客户核准并签名，此份文件便具有法律效力以保护双方利益，同时也促使他们依照计划按部就班地执行。在计划的执行过程中，遇到任何客户的更改要求（例如额外的工作或营销目标的改变）都可另外增加费用。因为这些改变都可能会影响到计划与交件时间。

3.1.4　作业开端

　　在设计师或设计公司所收到的"营销概述"与客户所签署的互利方案之下，往往会找来所有负责包装设计开发的相关利害关系者进行共同讨论。在整个计划过程中，设计师或设计公司应领导创意并专注于策略目标及市场目标的发展。

　　所有利害关系者的负责事项

　　营销人员提供发展目标

　　R&D（研发）提供产品特性的适当信息

　　结构工程师提供实际包装的生产原则与工程图

　　采购包装材料与印刷

　　生产、填充/包装与经销产品等业务指示

　　广告公司提供宣传与推广的意见

3.1.4.1　第一阶段：研究与分析

　　一旦所有初步营销议题都被界定、决定并检查后，包装设计过程会进入研究与分析的阶段。产品往往最后会发展成系列产品，因此一项产品长远策略目标的深入理解是规划品牌未来的关键。这包含了产品如何安置于品牌体系内、考量产品的长短期性的发展、全球营销目标与产品的长期生存目标。

（1）重新设计是为了反映既有包装设计

　　产品内容的改良

　　包装材料或结构的改变

　　为了在同类别中保持视觉的竞争性

　　拓展全球市场所需的外语

　　文字或法律诉求的修订

（2）以下是重新设计所产生的疑问

既有品牌有哪些优势与价值

哪些是包装设计价值所需维持的元素

类别是否有所改变

品牌是否需要进行改造以维持竞争性

品牌是否需重新定位或维持市场占有率

（3）第一阶段清单

类别特征

类别趋势

环境机会

既有的品牌资产

政府与法规条例

包装结构

产品成本

零售渠道

货架定位竞争者

目标顾客

科技考量

（4）类别分析

　　产品类别的广泛调查是了解竞争环境的优势、劣势与整体效能的主要方法。竞争性的信息可提供吸引目标消费者的线索，同时也可发展出具有竞争优势的设计方法。许多产品类别会由特定的"外观"来界定它们。色彩、文字编排特色、图形元素的使用、结构与材料的组合都是界定不同类别特征的视觉元素。分析货架上的成功案例有助于新包装设计的特征开发。相反的，若违反一般类别的风格设计时，也是有可能创造出特殊且具有冲击性的设计。除了认识类别中新品牌与趋势的机会之外，同时也应记住目标消费者、产品的认识价值与实际成本等现阶段的重要考虑因素。创意概念则会从收集的调查研究中激发出来。

（5）产品分析

产品的实用性是影响消费者消费的最终因素，故应谨慎思考产品的使用功能。应对主要与次要的功能进行评估，其中包含可靠性、实用性、最佳材料运用、货架空间的运用、符合人体工学的结构、包装使用后对环境的影响。产品分析应具备包装材料使用类型的认知。产品应多方考虑环境保护的因素，如可永续利用、可回收、可分解或可重复使用的包装材料。产品结构是品牌营销传达的组成元素，因此应在初步的设计阶段予以斟酌。

（6）品牌名称

在许多情况下，品牌名称开创了品牌与目标消费者之间的关系，因此也成为包装设计的最重要元素。品牌名称显示了品牌与产品，同时也创造了独特且令人难忘的印象，最后演变成品牌资产与消费者情感价值建立的基础。如何以视觉效果诠释品牌名称与开发初步设计方案，则需耗费相当长的时间。

（7）视觉参考资料或"素材"

建立"素材"档案是第一阶段的重要步骤。素材指的是为特定作业而收集的视觉参考资料。素材的范围包含平面设计、文字编排风格、照片、标签上的插图、吊牌、广告、明信片、邀请卡、杂志剪报或壁纸图案。这些资源都是排版、风格与格式的基础，同时也促进设计技巧与创意方法的提升。绘图元素、文字编排与图像的发展，都可以通过视觉参考资料的素材而促使原有的设计产生新观点，或是将其置放于不同脉络之中。素材档案的运用是很好刺激创意思维的资料库，不但更容易将产品特色视觉化，也使设计的初始阶段顺利许多。

当我们在参考文字排版的参考资料时，应检查每一个字体类型中的不同字形、字母的个别外形轮廓与细微差别、排版风格、权重与字体大小写的对比及色彩选择。在探索插图时，记得要从不同风格（如照片写实、象征性或抽象）的观察延伸到不同媒介（如铅笔、粉彩、水彩、油彩、亚克力、马克笔与电脑绘图）的关注。应考虑质感、背景、图案与色彩，同时也要思考如何在排版时使元素之间产生关联性以创造独特的视觉效果。除了顾及尺寸、裁切与定位，也应注意打光与角度的考量。任何在环境中出没的事物都有可能成为启发视觉的来源。

（8）概念板

概念、情绪、图像、品牌精神与使用者意象板，指的是经由元素或视觉参考资料的系统性拼贴以传达设计方针的特点。创意团队所创造的概念板式传达消费者的风格与特色、适合产品特色的多元色彩、结构的适当材料、目标消费者的形象或任何可以捕捉品牌精神的图像。概念板可通过整齐排放的素材摆放或是经过图像扫描与排列在电脑上进行制作。对设计团队而言，概念板是将产品特色做视觉规划的重要工具；而当展示在客户面前时，它也可以帮助客户对于营销与包装设计策略的概念有更进一步的认识。

（9）时间管理

时间管理是设计过程中最重要的议题，往往在初步阶段所进行的目标消费者调查与探索是必须在很短的时间内完成。在第一阶段时，研究就应被执行以帮助创意团队深入认识目标消费者的世界。不论是通过书籍或杂志的调查、实际走访商店、电视节目与电影的观看、趋势研究与图书馆参访，都是为了要确立其产品特色、竞争对手与销售环境。虽然这些工作会花上许多时间，但以长远的目标来看却是给设计师提供更多的机会与方法。

另一方面，若花费太多时间在一种无法应用于包装设计的研究时，除了浪费时间之外，也代表了所着手的方向并不正确。最浪费时间的行为是在网络上漫无目的的搜索，因此时间管理技巧是一门重要的学问。

工作时间表或工作日志的记录是管理和计划时间的最好方式，许多公司都有记录工作时间表的规定，这可以帮助工程师编制预算。有效的管理不但可增加设计师的收入，也有助于客户资源的有效利用。

3.1.4.2　第二阶段：初步设计

（1）设计策略的开端

初步设计阶段始于视觉目标规划的策略或计划。虽然包装设计的整体营销策略取决于客户目标，但此阶段应不只发展一个设计方向或策略，而是应用于设计概念的各个层面，如选择字体、图像与色彩到结构形式。经过广泛的设计策略探索，才有机会创造出符合客户期望的概念。

概念的构想与发展是在第一阶段的研究、探索与调查基础上形成的。第二阶段着重于创意，也就是摒弃所有设计雏形的预想想法，设计过程的早期阶段应将所有创意想法纳入考量。蓄意或挑剔的问题都应被提出，我们应将所有概念视为可行的，因为有时最好的概念发展、成长与改变都来自于当时"还好"的想法。

设计是一个流动的过程，虽然成功的包装设计需清晰且明确的设计策略，但其决定性因素与设计步骤却并非一成不变；设计必须往返于不同的设计程序之中，并随时提出质疑。

（2）头脑风暴与集体讨论

概念化、头脑风暴与实验都是包装设计概念开发的思想工具。头脑风暴是指概念的随机思考过程或概念产生的方法，因此不论个人或小组都可以启发新概念与思考方式。在这过程中，任何与设计作业相关的事物都应记录下来，包括与产品有直接联系的名称、结构、类别与目标市场，到产品或类别的潜意识连接等。列出一张相关形容词的清单则更有助于进行有效的头脑风暴，不要擅自篡改或除去任何概念；一个人认为不好的想法，或许在另一个人的眼中会是有趣的想法。头脑风暴的过程不能仓促，最棒的点子有时是从绝境中产生的。

做笔记与写日记有助于想法的记录，同时也促进概念的探索。记得要跟大家讨论自己的想法。虽然要对所有可能性进行探索，但也必须将目标消费者谨记在心。设计师必须投入所身处的环境中。

想法的堵塞与缺乏创意都是常见的现象，因此要走出设计瓶颈的方式有很多，如散步、听音乐、运动、翻阅具有丰富视觉元素的杂志与书籍、浏览橱窗与探索新事物。头脑清零后，再开始寻找下一个灵感。

头脑风暴可衍生出明确的设计概念，也就是将初步随机的概念发展成概念化的方针。概念发展时应做策略性思考，可提出以下问题：竞争对手是在市场中运用何种方法接近消费者？设计能表达出产品的何种区别性？此概念该如何与营销目标产生关联？

（3）概念与策略

概念与策略是相辅相成的。概念是设计的主要想法，并以视觉化的方式传达设计策略。有目的性的设计方案往往是通过头脑风暴而发展出来的，同时也是将想法视觉化。

策略性思考成为明确概念阐述的基础。每个包装设计概念都应该是有独创性、有创意、表现创造力，以强烈吸引消费者的注意。

每一个策略方向都应被视为初步设计概念而进行深入的探索。由于每一个方向都可被诠释并以多种方式做视觉的传达，因此在这些设计策略中，也可能会产生许多包装设计概念。

（4）黑白草图

一般来说，设计程序的第二阶段概念应以黑白图稿进行构思，这是由许多原因所造成的。一个黑白效果强烈的概念往往会成功的转化成色彩；然而反向操作时，此原则便不成立，色彩与其运用的优劣会阻碍检查设计的过程。随着将尽可能多的想法记录下来的过程，色彩的设计应用也消耗了大量的时间。

（5）商标

品牌识别的商标发展始于文字编排与视觉元素的广泛探索，通过商标独特的设计风格来传达品牌特征。由于消费品的商标往往被用于各式各样的包装结构与额外的印刷品，因此品牌识别的设计必须易于调整，并且能在不同尺寸、格式、色彩与印刷选择下保持清晰度。

文字编排与绘图元素（符号、图示与人物、插图或摄影性质的风格）的选择与应用，是一项重要的设计挑战，其目标在于如何帮品牌创造出适当、高辨识度与独特的设计。当用字体选择与有特色的设计符号来传达目标时，品牌识别发展的过程则会是令人愉悦的。

（6）设计缩图

一旦产品的品牌识别概念被明确的建立时，位于产品正面的主要显示区块（POP）便是下一步要思考的，它往往会以缩图式的设计草图来进行探索。设计缩图是通过速写于纸上的粗略缩图方式，以产生初步的想法、商标概念与版式设计。设计缩图往往是在速写本或设计板上以单色的原子笔或铅笔速写。设计缩图应该依据产品的正面或主要显示面板大小与形状的缩小尺寸绘制，这样才能使草图准确地反映出包装设计的实际大小。通过设计缩图的方式，可以在纸上获得许多想法。

文字编排与绘图元素的安排应在此阶段以速写的方式做有效的组织。虽然精确的字体与绘图元素制作并非设计缩图的重点，但区分衬线与无衬线字体的粗略风格草图与图像排版等，都可以帮助视觉传达的界定。

（7）初步排版

初步排版是根据最具可行性的设计缩图或简略的草图而进行制作。在初步排版的发展过程中，是对想法与概念做更详细的探讨。各式各样的概念都可以用不同的方式反映出特定的市场目标。此方式也可称之为初步草稿，该设计的所有元素应该是接近最终包装设计的方案，同时也不应对细节过于分析与挑剔。最好的方法便是将所有的想法记录下来，并保持较宽的设计发展的空间，但同时具备策略性。

初步设计阶段将各种不同的文字编排、绘图元素和色彩，与每一个支持设计概念的元素结合。一项设计方案的处理方式有很多种，每一种都应做有意义的策略区分。此阶段中可依据计划、客户与预算等进行考量，提出约十到十五个具有实际可行性的想法。有许多变化的想法无法提供包装设计的有效选择，参考主要营销目标与目标消费者是非常关键的，因为这些因素会影响到文字编排的风格与色彩、图像特征与销售概念的抉择。

（8）不同包装设计概念化的例子

① 干净：外形简单、易懂且条理分明。

② 重复性图案：图案会加强产品的识别度。

③ 层次：设计元素所营造的资讯深度。

④ 双像：从包装设计的正面做分割，因此当产品在货架上靠在一起时，会组成一个完整的设计或图案。

⑤ 作用：产品互动本质的图像传达。

⑥ 低调：以柔软、对比低的风格表现设计特色。

⑦ 突破：其概念与既有的类别或产品大相径庭。

⑧ 署名：通过签名、印章或实际日期的排版以传达设计特色。

（9）视觉层级

设计所传达的信息的层级（如何阅读包装设计）必须在此阶段中进行考虑。品牌名称、制造商名称的位置及口味、种类与产品功效的文字编排，都是包装设计重要的传达元素。消费者的阅读次序取决于排版的方式，产品前面的排版则是创造信息阅读的顺序。设计元素的尺寸、色彩、定位及关联性，都影响消费者观看主要显示面板的视觉动线，同时也是消费者如何了解信息所提供的重要性与意义的方式。所有的包装设计都会有不同的传达层次。例如Kashi(TLC)饼干的包装设计，如图3-1所示。

系列产品之间的多元种类必须小心地做设计区分，产品区隔（不论是指口味、种类、气味或原料）必须易于消费者辨别。除了维持信息层次的持续性，系列产品之间的区隔也可利用独特的形状、色彩、图示与绘图图像做区隔。无法辨别相似产品的区别性，会造成消费者的困惑，同时也会严重贬低品牌的价值并造成未来销售的亏损。

copy can reflect the mood on the pkg

original ☺

Oh! you never
thought a
cracker could
taste so good and
also be good for you!

Ranch: ⌣

Yummmy!
Lip-smacking
savory Ranch
crackers which
tastes great and
is also good for
you!

Honey Sesame: ⌣
Smile.
Crackers that are
so good and good
for you, they
have to make
you smile!

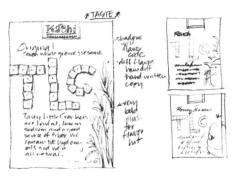

Snacking
with a different
perspective

overlapping
transparent colors.

图3-1

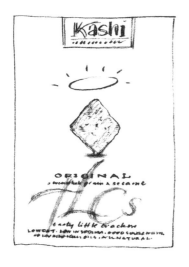

图3-1　Kashi（TLC）饼干的包装设计

设计阐述：安迪斯设计为Kashi（TLC）饼干拓展品牌，主要针对产品的趣味性、健康效益与吸引人的口味。其初步设计草稿借以古怪的特色吸引消费者在货架上的注意力。而彩图虽然描述的是不同的设计策略，但依然使人会心一笑。最终设计方向则使饼干呈现星形状态，并结合轻松的摄影与插图。此包装设计利用独特的趣味手法打破了健康零食类别的既有风格。

审视信息的大小关系层级效果以确保精确的设计阅读。同时也必须提出设计问题（如眼睛所看见的先后顺序），以供设计师检验色彩传达的准确性。当眼睛扫过包装设计时，眼睛会有固定移动的方式。由于人们都是先看完图片才看文字，故产品若将一张比品牌识别更大的照片或图像安置于包装设计中，人们首先看到的便会是它。设计元素的层级及阅读方式都可以通过相对的元素、大小、定位与对齐的方式做改变。

（10）主要显示区块的信息包含（图3-2）

品牌名称（包含合作或母品牌名称及副品牌）

产品描述标题（是什么样的产品）

口味、种类、气味或产品类型

净重量或容量单位声明

包装尺寸或产品数量

渲染标题或其他产品效益

设计阐述：西方有句俗语叫做"You are what you eat"，足见他们对食物和健康的重视。最近，麦当劳在全球范围内推出了全新的包装，并将食物的营养信息印在包装上。与以往不同的是，这些营养信息不再是枯燥的文字和数字，而是通过精

图3-2 麦当劳全新包装设计

心设计的可爱插画来呈现。此外，包装上还印有 QR 码，方便顾客了解更多。

客户可提供产品特性传达的文本或标题，也可能是由设计师负责内容的构思。文案资料可能包含所有传达零件的初步草稿。当产品包装正面已经设计好时，很难再应用详细的标题文本或其他的传达元素。

（11）设计检讨与发表

第二阶段的设计检讨，我们认识到初步概念与想法依据策略营销目标所做的展现、评论与检讨。在此检讨的过程中，初步的排版经调整、结合或删除的处理后，将最成功的结果推入第三阶段的设计发展过程。

在每个阶段的设计，创意想法都是以不同的发表方式进行检讨。壁面评论（wall critique）是用来检讨设计的方法之一。而在发表的过程中，设计概念、草稿、素材与其他参考资料都是贴在墙面上以检视其面貌。在壁面评论的批判中，可从整体的视觉区域里找出最引人注目的设计。大小关系、文字编排风格、对比、色彩、绘图元素、符号及图片与插图的裁切等，都必须做深入的评论。

在所有的设计发表中，设计概念都应保有开放讨论的空间。评论应专注于概念本身，同时也应注重如何能让设计更具有冲击性、如何进步与改善，或是哪些设计概念过于薄弱而应被忽视。设计评论目的是要改善创意作品，以创造符合客户销售目标的解决方案。

设计缩图与初步排版不但应整齐地排列于纸上，纸张也必须保持干净平整。草稿大小要适当，最好是可以在两三步以外的距离都能看得清楚。概念从速写本撕下来的、画在纸巾上的，或从报纸上剪下来的，都适用于个人用途，团体简报时应做完善的准备。

设计检讨往往都是在小型的空间中进行，其过程主要是在集合了所有的作品的空间内，针对作品所进行的评论。由于评论的程序中没有设计师存在，故作品应不言而喻。设计必须通过固有的形式来明确传达设计师的意图或概念；利用标题或文字描述方式以表明特定元素时，设计就失去了本身传达的意义了。特殊质感的纸张、色彩、图像与字体风格等排版上运用的素材，则引导了设计师概念的传达。

设计过程是从手绘稿开始发想，后来发展成电脑彩图。选中的设计方向都会再三做修正，而最终的设计是以照片图像的方式呈现出来。

由于视觉语汇及语言信息容易被误解，故在每一次发表时，必须做明确的概念说明。没有通过第一关评论的设计草图或概念不应随意丢弃。虽然有些概念不适合当下的作业，但并不代表不适用于其他方案。具备系统性及档案管理的技巧，有助于工作进度保持流畅。

3.1.4.3　第三阶段：设计发展

第三阶段的设计发展是将第二阶段的创意探索做策略性的规划。此设计的核心过程是将数种选中的创意方向，通过开发概念的方式使设计更趋完善。

当品牌识别依然停留在概念草图的阶段时，寻找具有冲击性的元素则是缩小草图范围的关键。字体选择（风格、字型与字母的大小写）、电脑绘图处理（轮廓、阴影）、对齐（置中、分散对齐、靠左对齐等）、字距调整、连字与间距调整都必须做深入的探索。在此阶段中，每一个品牌识别都会发展出不同的变化。字体的调整是以创造出独特且"可拥有"的品牌识别为主要目的。

绘图图形，如标题、条纹、窗户、波形、人物、符号、图示与图案等，都应依据它们与包装设计概念的关联性而做应用，因此可利用商标作为创造更独特品牌的方法，也可拿来当做包装设计上的另一种视觉传达工具。每一个元素都应具有意义而非只有装饰性，同时元素的界定取决于它如何支撑设计策略。

照片或插图的运用应在此阶段作决定，当设计概念与摄影图像结合时，使用摄影图库或以数码相机拍摄则是最好的获取图片的方式。由于设计概念不一定能在此阶段被选中，因此千万别花钱聘用专业摄影师拍摄或是请专人设计图片。插图的应用也是同样的道理。在这个阶段中，除非客户有预算聘请插画人员，否则插图应以手绘或借用图库的方式进行。

当设计概念应用到"临时"图像时，必须知会客户图片的暂时性，同时也要标明图片纯粹只是为了概念的表达而使用。客户若选此设计概念作为最终方案，这时就必须聘请摄影师或专业的插画人员，也可另外选择图库里的图片购买。

所有设计概念的商标、图像与色彩都必须发展出许多种变化，同样的，也必须有种专注于策略传达的概念。通过排版与品牌识别的改变，为同一个设计概念做调整是不够的。设计必须明确地反映市场目标，而达成此目的的方法也有很多种。每一个阶段的特定元素必须以整体的形式传达：层级、色彩、图像、排版与结构都必须被正确地阅读。图3-3所示为Ramlösa饮用水宝特瓶包装前后设计对比。

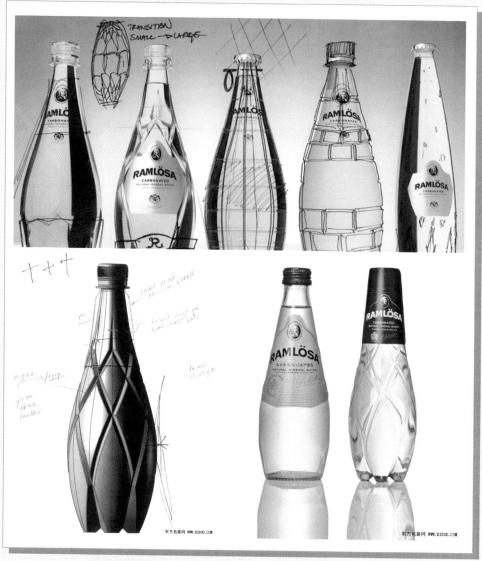

图 3-3 Ramlösa 饮用水宝特瓶包装前后设计对比

设计阐述：位于斯德哥尔摩的 NINE 工作室给 Ramlösa 高级饮用水重新设计的宝特瓶包装，旨在取代消耗原料严重且价格比较昂贵的玻璃瓶，设计了一款环保又便于消费者握持，手感绝佳的宝特瓶纯净水包装，以上图片为 Ramlösa 宝特瓶前后设计的对比。

主要显示区块的所有主要与次要的文字标题与图像都做了更深入的探讨，而包装设计的上面、下面、背面与侧面的设计都已经完成了。产品的最终文字标题都必须做结合。口味的描述标题、种类、产品名称与渲染标题（为产品创造故事性或产品的描述标题）则必须与设计结合。重量、体积或产品数量等法律规定的信息的初步定位与排版，则是安置于产品的正面。根据不同类型的产品，其强制规定（如营养信息、原料、注意事项与使用方法等）的设计安排可能是在此阶段或最终阶段进行定位。

色彩选择的探索是强调产品信息视觉传达的适当色彩盘。图3-4为Letter Box Tea 红色经典怀旧风格包装。

（1）第三阶段的色彩考量的因素

① 与竞争者的色彩关系。

② 利用色彩以明确区分系列产品的不同种类。

③ 可以传达具体特色、特征或主题的色彩。

④ 可以传达口味、气味或季节的色彩。

图 3-4　Letter Box Tea 红色经典怀旧风格包装

设计阐述：Letter Box Tea 是一家位于美国威斯康星州Milwarkee的小型茶叶公司，他们的茶叶品种包含了手工采制，传统工艺制作，现代混制以及创新制作的各种茶叶饮料。该品牌的包装设计灵感来源于其传统的字母书写和艺术制作工艺，传达了该茶叶生产经营者在遵从历史传承基础上的不断创新。红色盒子的制作是较为怀旧的情感象征，代表产品的高品质。

（2）产品净重或内容说明的通用指标

净重说明必须安排在包装设计正面的下半部分或是在主要显示区块上。字体的法定大小取决于食品和药物管理局的标签法。对于第一次做包装设计的人，要记住字体的高度不能少于3毫米，而主要显示区块两侧与底端的基线都不应少于3毫米。

重量内容说明的位置应考虑设计排版的整体性，一般来说，如果POP的方格被置中时，这时净重说明也应被置中，如果整体的设计格式是靠左对齐，那所有的文字都应比照办理。有时将文字堆叠成两行放置在排版的左边或右边是比较合适的做法。这些文字的设计与安排不是随心所欲的结果，而是如同其他视觉元素一样是需要精心规划的。如图3-5所示。

图3-5　雀巢茶品（NESTEA）2017年推出的全新标志和包装

设计阐述：升级后的包装更加注重对健康理念的体现，瓶身上也会贴上饮品所含成分的标签。

（3）实体模型

实体模型指的是提供给设计师与销售人员参考的立体产品原型或样品，这些实体模型模拟出包装设计的实际尺寸。实体模型可供设计师将品牌识别与所有其他设计元素在包装上试做，立体模型的建立使设计师本身与客户对于包装设计的完整面貌有更深入的了解。模型可在设计程序的任何阶段中建立，但在检讨与认同的第三阶段时，模型的使用是不可或缺的。

完美无瑕的实体模型是必要的，一个实体模型必须为产品包装设计提供最好展现平台。制作精美的模型往往是大量生产所无法比拟的。

因此有了这一层的认识后，设计师必须对于模型的结构测量、元素定位与印刷品质做严格的要求。

实体模型上的立体格式的大小关系与绘图元素都可以被评估与调整。图片与文字可安置在平面边线而依然清晰可见。在立体结构中，面对消费者时都会有特定的宽度，任何超出此宽度的事物便不属于焦点。除此之外，立体设计的排版与定位会受到印刷与生产限制的影响，如纸盒的折叠间距、压线与裁切线。图像在平面表面的成功应用不一定适用于立体结构，在竞争产品或一般零售环境的比较之下，图像反而表现出柔和与低调之感。

一般的电视广告与印刷广告都是使用包装设计的原始模型或实体模型。身为包装设计的"美人"与"英雄"，它们在前面板上展现最直观的识别特征。包装设计保有品牌特征、前区块的主要图像与消费者接触点，而去除其他次要元素（如净重、次要文字与元素）。

从实体模型或原型设计发展到生产阶段，都会有许多公司支持设计整个流程。其支持内容包含射出成型、网版印刷、高解析度印刷、浮雕压印、烫金或文字转印。

一般来说，阶段的终止取决于商定的期限。虽然设计可以持续不断的做调整，但有时它们必须在期限内完成。完美主义是设计师的必备特质，同时也很难决定设计何时才能算完成。能判别设计何时趋近于完美是必须依靠经验的累积与敏锐的直觉。第三阶段的目标在于创造符合特定策略的数种设计方案，首选设计经修饰后，会演变成最终的包装设计。

（4）研究调查

包装设计概念的"资产"与珍贵元素的检验，则是在第三阶段被充分的探索。参考麦肯·葛雷威在他的书《眨眼》中针对消费者接受性的问题，他认为两秒内所做出的初步判断或一个瞬间决定，等同于一般消费者在零售环境中"接收"到包装设计信息的时间。

这阶段的消费者研究有助于评估设计元素的价值与它们如何增进品牌识别。研究可能包含店内调查、市场测试、焦点族群与其他可以辨别包装设计如何与目标消费者产生连接的工具。直接将模型或实体模型放入零售环境中，是另一种评估设计效果的方法。产品类别或货架的数码产品配置图的使用，也会决定设计概念是否能在竞争业者中脱颖而出。

第三阶段的研究调查有助于观察竞争者的优缺点，探索设计概念的新灵感与方法，检验消费者的反应。

第三阶段必须把所有的设计元素做系统性的归纳，并将电子文件做适当的分类，同时也必须将生产问题纳入考量，这时应与供应商及相关生产支持部门确认生产设计的可行性。

在第三阶段所筛选出来的独特品牌特征，可有效地选择最符合客户销售目标的设计。有些概念有时会太过于"激进"，也就是说虽然它们符合了设计目标，但可能太超出类别的设计领域、产品观念或客户的原始目标。有些概念则是被视为保守的，这些设计完全符合设计目标，却不冒任何风险，因此充分了解客户期望有助于此过程的成果。

3.1.4.4 第四阶段：最终设计修饰／模型制作

最终设计的每一个元素都会经历最后阶段的修饰过程，色彩、文字编排处理或图像设计修饰可能是直接根据客户喜好或是双方协商来决定的，目的在于促使设计中的每一个元素都能具有特定的功能，并能明确传达计划目标。

最终品牌识别的发展要给予细心的关注；字体造型必须不断做调整，有系统地将字母与文字进行组织，同时字距与轮廓线等都要做修饰。结构尺寸、次要文字编排、定位、色彩、图像与每一个设计元素都要进行分析。不论强制标题还是其他文字都应做拼写检查，以确保所有文字的正确性。

好好包装设计应确保一切的组成可呈现强烈、清晰、明确与正面的印象，更要确定其图像、色彩、文字编排与排版明确传达产品特色。最终的包装设计不但要具备强烈的吸引力，也要明确地符合销售目标。

研究调查显示，85%被触碰过的产品都会卖掉，就如同史特林品牌（Sterling Brands）的管理合伙人与创意总监马克思·齐威特所说："我们谈论过'手中的品牌'——必须吸引消费者到品牌范围内，才有可能将产品买走。因此必须建立密切连接与更巧妙的包装设计手法以传达其价值。"

最终模型经客户核准是第四阶段的终点，往往客户保留包装设计的最终模型以呈现在董事会议、销售会议或团队的其他人员，因此最明智的做法就是多制作几个模型。设计团队也要留下一组模型，难免以后需要进一步的修饰或改善。除此之外，由于客户与设计师不一定每一次都是面对面的沟通，因此让客户拥有一份完整的资料有助于双方通过电话沟通时保持一致性。

如果设计提案中，设计团队包含了印刷、制造商（瓶子、盖子、密封装置）或其他供应商（浮雕压印、打凹技术）的外包作业时，应请供应商提出最终产品报价，再进行讨论、协商与核准。

3.1.4.5 第五阶段：生产前置作业与数码制图

继第四阶段后的下一个步骤，是将核准的包装设计准备好以进行生产，而设计师或设计公司很可能要负责准备生产的档案资料。如果在进行过程中便将所有档案做条理的归纳，这时所需的档案便可以轻易找出来，并且显示出最终的更新档案。

最后由客户所核准的计划，其电子档案都应做相对的配置，并且准备好交付给专业生产人员，最终提交给印刷厂。设计师的最后工作是参与首次打样，这时设计师与印刷厂按现场特殊规格检验，同时监督第一次印刷以建立品质标准。一旦打样确认后，设计师的工作便完成了。

最终印刷前预先准备事项包括：数位制图档案；所有字体；校样色彩；所有高解析度的图像档案；图层指示与分类；色彩说明（尤其是局部色彩）；确认所有色彩会在正确的印刷程序中显现；色彩编号的清单；亮光涂布层、UV雾面涂布层或复合运用的说明；模线与（或）开窗位置说明；其他特殊加工技术说明。

图3-6　BEEloved 蜂蜜瓶包装设计

[综合案例]

    如图3-6所示，BEEloved是一个近乎奢侈品级别的完美品质名称的代名词。这个蜂蜜产品的名字铿锵有力，令人过目难忘。这是塞尔维亚设计师 Tamara Mihajlovic 的作品，她"编造"了一个名为 BEEloved 的高档蜂蜜品牌，并一手包办了品牌标志设计和包装设计。由不规则切割面组成的玻璃瓶子让瓶中的蜂蜜闪耀着美丽的光芒，配上优雅的字体设计和标志，也很好地传递出品牌的定位和理念。

    那么，这个包装的背后，设计师又做了哪些工作呢？让我们一起来了解一下创作的过程吧。如图3-7 ~ 图3-12所示。

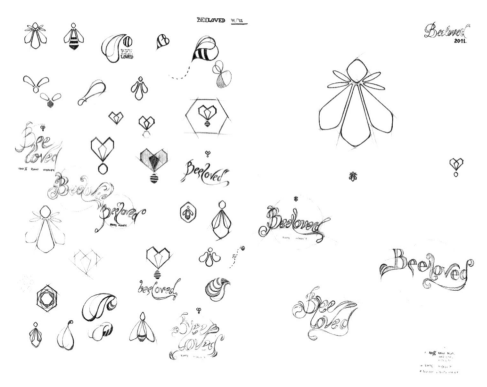

图 3-7 标志设计与字体设计手稿

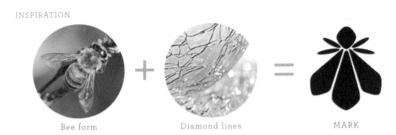

图 3-8　标志设计灵感源自蜜蜂和钻石的切割线

图 3-9　字体设计的灵感融合了细体字与优雅的弧线字体

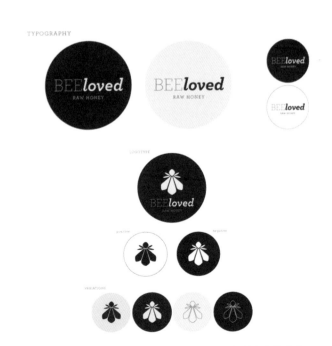

图 3-10　最终的标志设计与字体设计以及标准颜色的定案

图 3-11　标签设计

图 3-12　标签位置设计

下面是瓶身的设计，不规则的切割面组合在一起，充分利用光线的折射，让瓶子里的蜂蜜仿佛也闪耀着温暖的光芒。如图3-13所示。

图 3-13　瓶身的设计

　　该品牌的名片设计如图3-14所示，产品包装袋设计如图3-15所示。

图 3-14 名片设计

PAPER BAG / two sizes

front   back

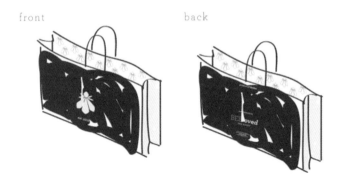

in 2 colors

图 3-15 手提纸袋设计

3.2 生产过程

3.2.1 生产纲要

包装设计的生产步骤必须依据逻辑性的处理过程与不同印刷技术的知识，

无法转换成可印刷的设计文档或无法弹性地应用于系列产品、材料、结构或基板的包装设计，是没有价值的。每一个设计都必须符合生产系统与条件。

当包装设计到达最后阶段并准备进入生产时，在第一次印刷时建立起印刷标准是很重要的步骤。包装设计必须在过程中不断做修正与调整；印刷中所发生的重大改变，都有可能改变包装设计的成本与设计观点。因此制定准则与标准并创造明确的传达途径，是影响最终成品不可或缺的要素。

生产纲要包括

① 要在设计作业的初步阶段考虑到生产问题；

② 要为特定材料应用适当的印刷技术；

③ 维持设计的整体性与生产品质；

④ 保持进度；

⑤ 控制成本；

⑥ 避免不必要的修改；

⑦ 使用适当的技术；

⑧ 提供具有扩展性与适应性的设计。

3.2.2 材料与生产的设计考量

动力培训师富兰克林·柯维的名言"先思考前因后果"，是包装设计的重要哲学。为了开发令人信赖的包装设计，生产的必备条件是必须被谨慎考量的。好的包装设计不是只有销售的概念，更需要符合公司广泛包装设计诉求的生产力与适合性。

好的包装设计师应该充分了解包装的尺寸、形状与材料结构，特定材料的印刷规格，零售环境下的材料性能，印刷与自动包装程序所应用到的软件及国际化的包装规则。

从包装设计结构（不论是纸盒、塑料瓶、玻璃罐或软袋）开始，设计师就应该清楚了解到包装设计所应用到的印刷、如何填充产品及任何其他的生产技术要求。在早期的生产过程中，应提出具体的问题。了解产品不同结构类型与包装材料使用的全面性是非常必要的。消费者对产品所产生的感知（包含品质、价格与类别的适当性），主要取决于材料。

3.2.3 色彩印刷

多色印刷是最常见的包装设计印刷方式，以四种色彩为标准颜色。四色印刷是经四种不同油墨色彩（青色、洋红、黄色与黑色/CMYK）的叠印而产生其他色彩。其原理是借由网点的不同尺寸堆叠成不同角度所组成的，点的尺寸决定印刷的品质。

标准色指的是特定的油墨色彩，是由色彩系统所决定的。比对"点"或"线"的色彩可提供持续且准确的印刷色彩，使不同印刷厂都能印刷出相同的色彩。它们可以独自做单色印刷、双色印刷与三色印刷，或结合成四色印刷。往往品牌商标或品牌识别元素都必须使用到特定的色彩，在具有指定色彩的设计情境之下，所有应用程序使用的准确色彩是非常重要的，因此必须要有具体的配色。虽然色彩会因印刷次数或印刷厂的不同而不同，但标准色彩的建立是必要的，唯有如此才能在初步印刷时，决定是否要调整色偏。建立色彩标准可预防色彩因印刷品质、印刷条件、印刷量的大小与不同材料的影响而造成色彩差异。

色彩规格取决于特定作业的印刷色彩数量、印刷程序、印刷类型的使用、成本、预算等。为了确保色彩的准确性，应随时记得要试印（比对荧幕色彩与实际印刷品）。

由于电脑科技所衍生的不同校对、打样与印刷程序等，使包装设计的色彩管理演变成一个很复杂的领域。当客户收到设计文件并在屏幕上观看时，其色彩会因屏幕与材料表面的不同而不同（色彩到屏幕、再到印刷表面也会不同）。每个设计需确认相关的人员都应看过并且校准同一个色彩。色彩打样的校稿应由厂商所提供（依据其校稿技术），并可试印在实际成品的基板上。对于每个色彩在不同基板上的实际印刷色的校稿，是成功印刷品的关键要素。在进入实际印刷阶段之前，应先做色彩校对，所检验的项目有：排版检测、换色、校准、文字编排（如文字校稿等）与最终图像品质（尤其是插图性或摄影性的图像）。

3.2.4 设计档案

初步概念设计可能是从手绘稿起步，最后演变成电子文档。虽然设计图是由设计师或设计团队所创造的，其文档都会被其他工作团队所分享并传达给下一个团队。设计过程中文档的正确保存与管理，不但可以减少作业流程的缺失，更重要的是解决最终生产问题。

　　作业流程的效率取决于文档的共享机制：必须提供完整的文档，其中包含所有妥善管理的图像、绘图元素及安装好的字体。

　　善用 Adobe Illustrator 与 Adobe Photoshop 的图层工具是文档管理的必要方法，因为图层工具可以将同一个文档的图像与元素分开处理，以预防产生文档中的元素错置或不正确的尺寸。由于元素文档的适当管理，特定元素可以轻易地被修改与更换。图层工具有助于减少错误编辑的风险。

　　包装设计常使用的插图或摄影图片与绘图元素，都必须从原本的纸张格式中撷取并存成电子文档。图像品质的认识，如屏幕上每英寸的像素值或材料输出每一寸的点数值与特定作业的需求量（高、中、低），都是初步扫描的重要考量。举例来说，如果此图像是应用于初步概要性的简报时，则选择使用低解析度的影像。一般参考性质的网络图片的标准解析度是 72ppi。如果图像有正式输出的可能性时，则应以高解析度储存（300dpi 是一般输出的标准规格）。虽然图片经常由各式各样的软件程序所操作（调整色彩、明度、对比与设计元素），但有些图像最终都必须依赖高解析度文档才能生产。

第 4 章

包装设计
——结构与造型

4.1 包装容器概述

包装容器是承载商品的固体容物器具，现代包装容器主要分为纸容器与非纸容器两大类，包装容器在流通、储运和销售等环节为商品提供保护、信息传达、方便使用等服务。包装容器的造型和结构对商品运输和销售影响很大，其结构性能将直接影响到包装的强度、刚度、稳定性，进而会影响到其使用功能。

4.1.1 包装容器的结构设计内容

（1）包装容器的造型

包装容器的造型即设计包装容器的立体外观形状。设计中既要符合造型设计中的美学原则，又要考虑包装容器成形工艺的影响。如图4-1所示。

图 4-1　Nescafé 雀巢三合一棒包装设计

设计阐述：Nescafé 雀巢三合一棒包装设计，设计为摆放50件雀巢三合一棒的一个新包装，它能放置在商店柜台旁、家里的厨房或会议期间的桌面上等。如果你把箱沿其对角线打开，你就会得到两个三角部分。每一个部分可以摆放25支。三合一棒在框中，可以稳定地保持亦可容易取出。框的设计可以折叠，没有任何胶结。

（2）包装容器的结构

容器的结构即设计包装容器的内部结构，它包含容器壁厚设计、局部结构设计、结构设计计算等，其中，包装容器结构设计计算包含结构尺寸的设计计算，包装容器容量的设计计算，强度、刚度的设计计算。

（3）包装容器的尺寸

包装容器从便于运输的角度考虑，大都设计成一种几何形体，而且长方体居多。尺寸的设计，对于包装的容器来说是很重要的，直接影响到商品的安全性。由于容器壁厚的原因，尺寸的计算有些复杂，牵涉到很多包装工程方面的知识，因此，这里探讨的容器尺寸是撇开器壁厚度的理论上的尺寸。

4.1.2 包装容器的结构设计原则

包装容器的设计需要满足很多功能，不同的包装容器使用不同的包装材料，各种材料的成形工艺不同，里面包含了很多科技成分，也包含很多艺术的审美，所以必须遵循以下几种设计原则，使设计达到最理想的效果。

（1）要考虑符合产品自身的性质

对于易碎怕压的商品，应该采用抗压性能较好的包装材料及结构，或者再加上内衬垫结构，来确保商品的完整性。对于怕光的商品需做避光的处理，如胶卷类的包装就需要密闭的结构和避光的材料，纸盒内的黑色塑料瓶的使用就是为了达到这个目的；再如鲜鸡蛋的包装，盒体通常采用的是一次成形的再生纸浆容器来盛放鸡蛋，抗压性好，减少碰撞与挤压带来的损失。如图4-2所示。

图4-2　Happy Eggs的干草包装盒

设计阐述：这是一款非常简单又有趣的鸡蛋盒，使用廉价且易得的干草压制塑形而成，外面贴上颜色亮丽的标签纸就行了。它由波兰设计师 Maja Szczypek 带来，非常环保又有野趣的设计。简单、干净、自然，光从干草盒子上就能猜到里面食物的品质，这才是理想中的包装设计吧。

（2）要考虑符合商品的形态与重量

商品的形态多以固体、液体、膏体为主，不同的形态和体积所产生的重量不同，对包装结构底部的承受力的要求也是有区别的。比如，液体的商品通常采用的容器为玻璃瓶，重量较大，要注意包装结构底部的承受力，以防商品脱落，所以多采用别插底和预粘式自动底。许多玻璃器皿、瓷器等还要添加隔板保护避免相互碰撞；还有，固体的商品包装结构要便于商品的装填和取用，盒盖的设计非常重要，既要便于开启又要具有锁扣的功能，避免商品脱离包装。

小家电、组装饮料等商品有一定的重量，就要考虑采用手提式包装结构，以便于消费者携带，如电饭锅、DVD机等。因此，商品的形态与重量决定了采用不同形式的盒盖和盒底。如图4-3所示。

图4-3　ДРОВА品牌伏特加柴火包装设计

设 计 阐 述：白俄罗斯设计师Constantin Bolimond设计的一款伏特加包装Firewood Vodka（"柴火"酒壶），用一段原木一般的木头，取代了通常的玻璃瓶子，而瓶口，则是在原木的一根枝丫处，整个酒壶借用家庭用柴火的形象，细腰瘦身，木材的纹理与质感让人在喝酒时倍感温暖与亲切。

（3）要考虑符合商品的用途

商品的用途和消费群体的不同也对包装的结构有不同的要求，设计师对这一点也要充分考虑。对于多次使用、长时间使用或食用的商品，在视觉上不仅要频繁刺激消费者，而且还要重复多次开启闭合包装，对其结构设计就要求追求美观性、耐用性；对于一次使用或食用的商品，消费者会打开后继而弃之，在结构的要求上相对就简洁些；对于儿童用品的包装结构的设计，则注重包装的造型，通常采用拟态的结构形式的设计，从而迎合儿童的消费心理；对于化妆品类的商品包装，女性化妆品的包装在造型上注重追求线条的柔和性，男性的要庄重大方些。图4-4所示为澳大利亚Polaris刀具的特色包装设计。

图4-4　澳大利亚Polaris刀具特色包装设计

设计阐述：澳大利亚发布了一个新的专业刀具称为Polaris。包装附带一个QR码，使客户能够扫描销售点和功能、保养说明和有关产品的其他信息。

（4）要考虑符合商品的消费对象

不同的商品有着不同的消费群，即便是同一品种的商品也会有不同的消费对象，因而商品的装量也就不同，进而就要求设计出相适应的包装造型和容量。如超市卖的冷冻鸡，销售对象多是家庭用户，鸡腿、鸡翅类通常采用一公斤装的塑料袋装或盒装，这样的商品数量是适合普通的消费家庭一次食用的，较受消费者的欢迎，如果量过多就会影响销售。再如铅笔，它的销售对象多是学生，应以六支、四支、三支装为宜。因为学生，尤其是低年级的学生，更喜欢新奇多变，如果采用十二支装，二十四支装就会影响销售。还比如大米的包装，家庭装的多为袋装和桶装，通常分别为2kg/袋、2.5kg/袋、5kg/袋，而适于机关团体食堂的就多采用编织袋装，通常分别为20kg/袋、50kg/袋。这种以人为本的包装设计，不仅是对消费者的尊重与关心，更是对商品良好形象的树立。在现代激烈的市场竞争中，这也是争取消费者信任、提高效益的一种手段。

（5）要考虑符合环境保护的要求

随着消费者环保意识的增强，绿色环保概念已成为社会的主流。包装材料的使用、处理，同环境保护有着密切的关系。如玻璃、铁、纸等材料都是可以回收利用的；塑料相对难以回收利用，烧毁时则会对空气产生污染。像秋林食品的大列巴面包的包装使用豆包布，通过丝网印刷的方式进行包装，这种包装材料可重复利用或可再生、易回收处理、对环境无污染，同时还给消费者带来一种亲近感，赢得消费者的好感和认同，也有利于环境保护并与国际包装概念接轨，从而为企业树立了良好的环保形象。选用包装材料时，还应当考虑到具体进口国家对材料使用的规定和要求。就拿我国销往瑞士的脱水刀豆来说，原设计为马口铁罐的包装，但因铁罐在瑞士难以处理，并不受欢迎，经市场调查后重新定位，将其改为了纸盒的包装形式，这样一来既轻便又便于回收处理，很受瑞士国民的欢迎，大大促进了销量。再如，在许多西方国家对塑料袋的使用都是明令禁止的，通常都采用纸袋的形式，对环境的保护做出了贡献。图4-5所示为一款食品打包外带包装设计。

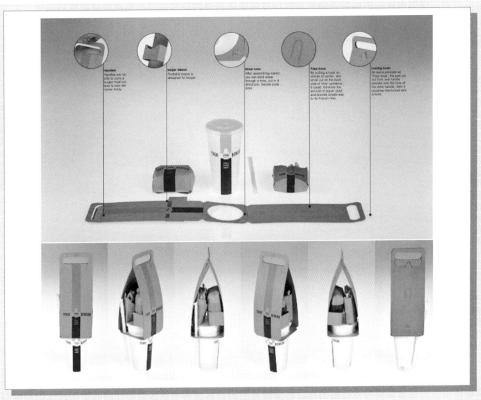

图4-5 食品打包外带包装设计

设计阐述：如果你买了一份汉堡、饮料加薯条的套餐外带回家，那么传统的纸袋或者塑料袋可不是最好的解决办法哟。设计师 Seulbi Kim 设计了能将以上食品一次性打包回家的外带包装 Togo Burger，相比过去可以节省 50% 的纸质消耗。最关键的是，这个一体式包装真的很好用。这个设计的缺点似乎也很明显，那就是毫无保温性可言。有一利，难免有一弊，两相权宜，还是愉快地选择 Togo Burger 吧。

（6）要考虑符合储运条件的要求

　　产品从生产到销售，要经历很多环节，其中储运是不可避免的。为便于运输储存的需要，包装一般都能够排列组合成中包装和运输的大包装；为了便于摆放、节省空间、减少成本核算，运输包装一般都采用方体造型，对于异形不规则的销售包装为使其装箱方便、节省空间和避免异形的破损，需要在其外部加方体包装盒为最佳。或者也可以通过两个或两个以上不规则的造型组合成方体形节省储运空间。除此，空置的包装也要考虑到能否折叠压平码放来节省空间；还有，销售人员在销售过程中包装成形是否方便快捷也要作为设计的重要条件。这就要求包装设计人员必须具备专业的包装结构知识，不但要考虑展示宣传效果，更要简便易懂，让售货人员能准确操作。图4-6为一款枕头的新款实用的包装设计。

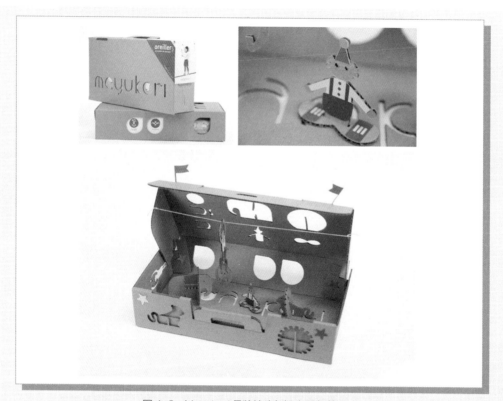

图4-6　Mayukori 品牌枕头新颖实用包装设计

　　设 计 阐 述：一个小纸板手柄包装行李箱，携带方便，易于储存，为了揭示更多产品和面料的选择，通过在包装盒上打孔，指南的信息是可见的，这是一个经济和生态的思维方式。为了能让客户重复使用包装箱，使其改造成一个马戏团，作为孩子们的一个游戏使其重复使用，小丑、狮子、大象等，剩下的是一些五颜六色的组装配件，发挥孩子们的想象力。

（7）要考虑符合陈列展示的要求

商品包装的陈列展示效果直接影响商品的销售。商品陈列展示一般分为三种形式：将商品挂在货架上、将商品一件件堆起、将商品平铺在货架上。所以，通常在结构上采用可挂式包装、POP式包装、盒面开窗式等。不管怎样，不同的包装结构均应力图保持尽可能大的主题展示面，以便为装潢设计提供方便条件。

（8）要考虑符合与企业整体形象统一的要求

设计一个包装，不仅仅要解决这个包装的自身形象、信息配置等问题，还要合理地解决它和整个系列化包装的关系，以及此包装和整个企业视觉形象的关系等问题。包装设计必须在企业这个CIS计划的指导下进行。通过系列化规范设计与制作的包装是现代企业经营管理与参与市场竞争的必要手段。它可以让企业在展示自身形象与对外进行促销活动时，便于管理，降低成本，同时保持高质量的视觉品质。图4-7所示为爱马仕护肤品的包装设计。

图4-7　爱马仕护肤品包装设计

设计阐述：此护肤系列灵感来自皮革和旅行，该系列代表了女性的独立、优雅。为了生产新护肤系列，采用了目前品牌标识元素的外观感觉。设计体现了品牌的精神和理念，图形和颜色也代表了女性化的特质产品。

（9）要考虑符合当前的加工工艺条件的要求

生产加工是实现设计创意的手段，设计师需要不断了解设备更新改进的情况、提高自身的技术力量等，以适应设计的要求。但是，技术设备的更新换代毕竟需要一定的条件、时间、资金，设计者在此期间应对当前的加工工艺条件充分地了解，彼此达成默契。还要注意的是，销售包装一般尺寸较小，在设计时要考虑纸张的利用率，要符合纸张的开数，避免浪费。

拼版时注意设计方案纸张的排列方向，可减少纸张的浪费，增加印量，节约成本。如图4-8所示，设计的展开图如横向拼，可能会造成纸张的很大浪费；如果改变版面的摆放方式，不仅可以减少纸张的浪费，且可以增加在同一纸张上的单位印刷数量。

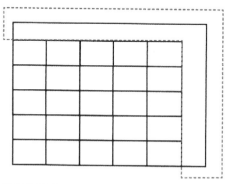

横向排列拼版，浪费纸张。

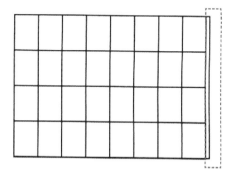

纵向排列拼版，节省纸张。

考虑纸张利用率

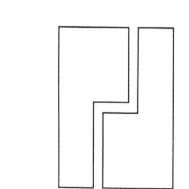

合理拼版形式1

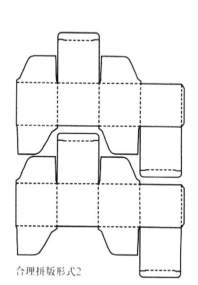

合理拼版形式2

图4-8　减少纸张的浪费的拼版

4.2 包装容器的造型方法

4.2.1 分割法

分析一些容器造型，往往会发现它们是由多个形体组合而成或由一个基本形分割而成。基本形的分割是指设计者常说的削去几块面、几只角，然后再补贴上几个块面。基本形可以是球形、正方形、长方形、三角形、自然形等很多图形，根据基本型可以塑造出各种形体。

对极其平常的几何形体，通过一个语言、一个切割、一个组合、一个看似不经意的拼贴，都可能会成为有很创意的设计。图4-9所示为一款雪茄的包装设计。

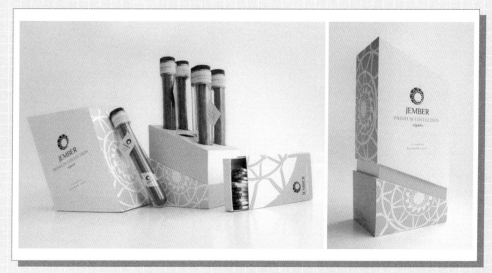

图 4-9　JEMBER CIGARS 品牌包装设计

设计阐述：JEMBER CIGARS是世界上最大的优质烟草生产商之一。标志的设计灵感来自印度尼西亚的寺庙，婆罗浮屠寺锥形纪念碑，而Pura Ulun Danu Bratan庙里有一个金字塔形状，这两个寺庙由多层组成，每一层都有它自己简单的模式。标志似乎是俯视图的婆罗浮屠寺庙古迹，但看起来也像是一个切割雪茄。

4.2.2 肌理法

肌理是指由于材料的配制、组织和构造不同而使人得到触觉感和产生视觉质感，它既具有触觉性质，同时又具有视觉影响，它自然存在，也可以人为创造。同一种材料可以创造出无数的不同肌理来。自然存在的肌理是物象本身的外貌，通过手的触摸能实际感觉其特性，可以激发人们对材料本身特征的感觉，如光滑或粗糙、温暖与冰冷、柔软与坚硬等。包装容器设计中经常直接运用木材与皮革、麻布与玻璃或金属，形成独特的"视觉质感"。"视觉质感"可以用一种修辞手法"通感"去形容它，它能诱惑人们用视觉、用心去体验、去触摸，使包装更具有亲和力，视觉上产生愉悦。人为创造的肌理是一种再现，在平面上表现类似自然肌理的视错觉，达到以假乱真的模拟效果。有些包装容器表面，运用超写实的手法表现编织的肌理，使其特征更加真实。也可以实实在在地创造一个和自然肌理一样可以通过触觉感知的肌理。图4-10所示为瑞士阿尔卑斯鱼子酱包装设计。

现代图形艺术的发展使人们还拥有了抽象的肌理，这是一种纯粹的纹理秩序，是肌理的扩展与转移，与材料质感没有直接关系，它能在设计中构建强烈的肌理意识。对比的双方都因对比得到加强，因此不同的肌理效果可以增强视觉效果的层次感，使主题得到升华。肌理自身是一种视觉形态，在自然现实中依附于形体而存在，包装容器的肌理是将直接的触觉经验有序地转化为形式的表现，它能使视觉表象产生张力，是塑造和渲染包装形态的重要视觉和触觉要素，在许多时候它被作为设计物材料的最佳处理手段，在设计中获得独立存在的表现价值、增加视觉感染力。在玻璃容器设计中，使用磨砂或喷砂的肌理与玻璃原有的光洁透明产生肌理对比，这样不需要色彩表现，仅运用肌理的变化就可以使容器本身具有明确的性格特征，同时还可以增加摩擦力，具有防滑功能。

图4-10　瑞士阿尔卑斯鱼子酱包装设计

设计阐述： 看起来就是一块晶莹剔透的冰块里包着诱人的鱼子酱，传递出一种新鲜和纯净的感觉，对于鱼子酱这种食物来说，这两种感受再合适不过了。

4.2.3 线条法

在平面构成中，线是一种简洁而行之有效的视觉语言，也是最常用的视觉媒介之一。线条法是包装容器造型设计的最基本方法，是指在包装容器的造型设计中，以外轮廓线的线型变化为主要设计语言，给容器的外观带来直观的形体视觉效果，如直线型的容器会产生挺拔、拉伸、男性、力度的感觉，而曲线型的容器，给人柔美、优雅、女性、活泼的感觉，线型的不同设计给产品带来非常独特的个性特征，能恰如其分地体现出商品本身的属性。产品设计的语意传递有时也可以通过外在线型传递给消费者，使消费者在很短的时间内便能体会到产品的特性和所传达的内在信息。图4-11所示为一款饮料的包装设计。

线的变化决定造型变化。线条的造型设计可以从分析三视图入手，首先可以变化正视图的两侧线型，如果两侧线型不变，可以变化它的侧视图、仰视图或俯视图的线型，每一个经过变化的三视图都将是一个新的造型。

图 4-11　24 Bottles 环保可重复使用饮料包装瓶

设 计 阐 述：24 Bottles是一种通过打破征收塑料瓶回炉重造才能正式启用饮料瓶的行业壁垒而创作的包装形式，旨在利用全球网络塑造一种可以用来代替任何品牌专用包装使用器皿的设计形式。24 Bottles的醒目起源于北欧国家的Anglo-Saxon地区，在那里每一个人都随身携带一个塑料瓶用来解决生活或者工作中饮用水的灌装携带问题，这些瓶子的制作材料集中在金属瓶、硬塑料和玻璃，都是可以重复使用的环保材料。

4.2.4 仿生法

大自然蕴藏着无比丰富的设计元素，是艺术设计创作取之不尽的源泉。

在自然界中的人物、动物、植物、山水自然景观中，充满神秘的多样性与复杂性，优美的曲线和造型比比皆是，都是设计造型的源泉和楷模。仿生学设计的灵感就来自于生动的自然界，比如水滴形、树叶形、葫芦形、月牙儿形等常被运用到艺术设计的造型当中，可口可乐玻璃瓶的造型就是参考了少女优美的躯干线条，一直被人们所推崇。人类的许多科技成果也都是根据仿生学原理创造出来的，因此，这是一种很好的创造性思维方法。

包装容器的仿生设计概括地说是以自然形态为基本元素，或提取自然物形态中的设计元素或将自然物象中单个视觉因素从诸因素中抽取出来，通过提炼、抽象、夸张、强调等艺术手法进行加工，形成单纯而强烈的形式张力，传达出产品内在结构蕴涵的生命力量，使产品包装容器造型既有自然之美，又有人工之美。图4-12所示为一款巧克力的仿生包装设计。

图4-12　法国的巧克力公司 Marseille Leroux 包装设计

设计阐述：心思细腻的美国设计师Elizabeth Vornbrock为法国的巧克力公司 Marseille Leroux带来了一个既独一无二又非常漂亮的包装设计。设计师将包装纸叠成了八瓣花形，只要牵动标签，花瓣包装就会巧妙地随之慢慢绽放开来，里面的巧克力在花瓣众星拱月的衬托下，自然而然也就成了花瓣中所包裹的"花蜜"。

4.2.5　雕塑法

包装容器的造型是三维的造型活动，在保证包装功能的前提下，三维空间的纵深起伏变化可以加强审美的愉悦感。

（1）整体塑形

整体塑形即把容器的器盖和器身作为一个整体来塑造，甚至没有明显的器盖和器身区分，类似一尊现代雕塑，讲究整体流线和审美，改变以往容器盖小而低、器身大而高的常态，具有较强的时尚感。图4-13为一款天然矿泉水的瓶体及品牌设计。

图 4-13　奢侈品 Fillico 神户天然矿泉水的瓶体及品牌设计

设计阐述：Fillico 日本神户天然矿泉水，号称全世界最奢侈矿泉水，零售价每瓶 100 美元，且每月限售 500 瓶。昂贵之处：来自日本神户地区的低硬度天然矿泉水，由桂由美（名贵华丽的日本婚纱）授权特别定制 Fi llico 矿泉水，瓶身的霜花装饰图案是由施华洛世奇水晶和贵金属涂层完美结合而成，贵气十足，精美致极的皇冠型瓶盖和天使翅膀与瓶身相应配备令人惊叹不已。

（2）局部雕刻

局部雕刻即在容器的某一部位做装饰性雕刻。

在包装容器的表面可以运用装饰物来加强其视觉美感，既可以运用附加不同材料的配件或镶嵌不同材料的装饰使整体形成一定的对比，还可以通过在容器表面进行浮雕、镂空、刻画等装饰手法，使容器表面更加丰富。平常所说凹凸、腐蚀、喷砂等，也都是材料表面局部雕刻的一种手段，经过局部雕刻处理能使材料具有材质美。局部雕刻在容器设计中被普遍使用，对提高包装容器的装饰美感有很强的作用。

（3）加法与减法

对一个基本的体块进行加法和减法的造型处理是获取新形态的有效方法之一。包装容器由体和面组合构成，不同形状的体、面变化表现为面与面、体与体的相加、相减、拼贴、重合、过渡、切割、削剪、交错、叠加等，不同的手法组成不同的造型，传达不同的感情和信息。对体块的加减处理应考虑到各个部分的大小比例关系、空间层次节奏感和整体的统一协调。通透、漏空的手法可以把它视为特殊的"减法"，这种通透有的仅是为了求取造型上的个性，有些则是具有实际功能。如图4-14所示为一款伏特加酒瓶的包装设计。

图4-14　伏特加酒瓶包装设计

设计阐述：有趣的伏特加酒瓶包装设计，细致的包装设计，在撕掉包装纸时，里面的瓶子同样给人很多惊喜。

（4）光影法

在现代高科技的带动下，对光影艺术的研究越来越多。在包装容器设计中，一样可以利用光和影使包装容器更具立体感、空间感，更富于变化，尤其在玻璃容器和透明的塑料容器的设计中表现较为突出。形体中不同方向凹凸的面是光和影产生的基础，为了使容器具有较强的折光效果和阴影效果，就必须像切割钻石一样，在容器的形体上增加面的数量。面组织得越好，效果就越强烈。充分利用凹凸、虚实空间的光影对比，使容器造型的设计虚中有实，实中有虚，产生空灵、轻巧之感，如不少食品饮料玻璃容器的设计，有意在瓶颈及瓶底处组织一些凹凸的方格，这也是与产品的性质和使用习惯密切相关的。图4-15为一款酒的特色包装设计。

设计阐述：幽灵
船在新西兰建于1884
年，之后离开北美，
却在前进的道路上消
失。这款朗姆酒采用
玻璃瓶包装，瓶身和
瓶底不同的厚度产生
富有丰富变化的折光
效果和阴影效果，使
瓶子更具有立体感和

图4-15　Ghost Ship 幽灵船朗姆酒特色包装设计

空间感。同时虚中有实，实中有虚，给人一种茫茫大海无垠、空灵、诡异、神秘的感觉，十分切
合幽灵船的传说。

4.2.6　综合法

　　对不同材料和工艺的综合使用，为包装容器的设计打开了一扇新的门。现
代包装容器通常涉及至少两种以上的材料，如玻璃、塑料、金属、纸（用于标
贴）等，设计者在考虑容器材料的同时不能忽略材料的加工工艺，使容器达到
材料和工艺的完美结合，有时还能相互掩盖和弥补某种材料在加工中的缺陷，
使有的容器以小见大。

　　有一些酒瓶设计，瓶身肌理有意制造粗糙感和磨砂效果，瓶帖的质感和色
彩与瓶身肌理形成对比，整个产品给人以历史悠久的印象。在容器设计中，综
合法的运用一定要造成一种对比，或明暗对比，或光毛对比，或粗细对比，使
造型更具特色。图4-16为一款瓶子的包装设计。

设计阐述：利用一种独特、新型的油墨技术，能量饮料生产商Hobarama公司为BAWLS Guarana产品设计了16盎司（473ml）的容器，这种包装利用发泡油墨内的添加剂受热膨胀，产生轻微的凸起，使瓶体拥有柔软的触感。围绕在整个瓶体上的运动型凸起代表着"瓶中的弹力球争先恐后的要冲出来"的这种理念。瓶体印刷成Guarana品牌的钴蓝色，或者是Guaranexx无糖型产品的白色。

图4-16　BAWLS Guarana 瓶子包装设计

（1）金属与金属的结合使用

如图4-17所示，介绍一款食品的金属包装设计。

图 4-17　希腊食品品牌包装设计

设 计 阐 述：插图描绘了传统的农业活动，来自希腊乡村的身份。灵感来自传统的民间艺术，插图重复使用的元素，加入一种复古的感觉，同时每个插图覆盖的颜色最多使用三种。

（2）塑料与塑料的结合使用

　　塑料与塑料的结合使用很常见，很多化妆品的包装、食品的包装、药品的包装设计中都普遍采用两种不同颜色的塑料镶嵌设计而成，结构新颖，色彩强烈。毕竟同种材料的结合使用在物理性质和化学性质的匹配上都是最完美的。图 4-18 为一款狗洗发水包装设计。

设 计 阐 述：与人类的洗发水有很大的区别，独特的瓶子，四种亮丽的颜色，特殊的消防栓瓶设计，瓶子设有一个方便的泵系统，便于快速和容易地使用洗发水，更容易帮狗狗洗澡。

图 4-18　狗洗发水新颖特色包装设计

（3）金属与玻璃的结合使用

如图4-19所示，为一款葡萄酒的特色包装设计。

图4-19　Sangría Lolea 品牌葡萄酒特色包装

设计阐述：Sangría Lolea是西班牙的一个典型鸡尾酒社交聚会，是庆祝和喜悦的代名词。Sangría Lolea品牌满足顾客最高期望的品质和风味，给人一个不同凡响的设计。有红葡萄酒和白葡萄酒，并提供多种尺寸，它是由天然成分制成的高品质葡萄酒。

（4）塑料与玻璃的结合使用

在化妆品、护肤品设计中运用较多，如图4-20所示。

图4-20　水芝澳全新包装

设计阐述：水芝澳全新包装更具海洋气息及品牌特色，新的包装设计引导消费者感受神奇的海洋护肤世界！全新绚丽的瓶身设计，努力做到让每个消费者都能找到自己专属的护肤色！关于h₂O+品牌：在充满活力的海洋深处，孕育着生机勃勃的非凡生命。在这繁盛的海底世界，也生长着色彩斑斓的神奇深海海藻，拥有更新、修复肌肤的神奇力量。不同的海洋植物可以发挥不同的海洋护肤功效，h₂O+致力于开启这神奇的生机力量。

（5）玻璃与自然材质的结合使用

如图4-21所示，为一个烹饪用品品牌的包装设计。

图 4-21 Marketplace 品牌特色包装设计

设计阐述： 这个项目的目标是创建烹饪用品包装，包括鼠尾草、韭菜、大蒜香草调味料和橄榄油。将其连接到一个健康问题（即：育肥，配合，有机）。手工绘制的设计元素和原材料的包装都很自然。

包装设计方法的运用都是以产品为基础的，形式为内容服务。方法的运用不仅与产品本身的功能和效用有着密切的关系，与材料和工艺有着密切的关系，而且与商品的销售战略也有着密切的关系，它不是孤立地运用的，而是要求设计者融会贯通地综合运用。设计方法是在造型实践中创造的，它也将随着科学技术的发展而不断发展，新的设计手法也将有所创造。新设备、新材料、新工艺的不断出现，也为设计者提供了更多的表现手段，从而设计出更新颖的产品来。

第 5 章

包装设计
——结构与材质

在消费者的眼中，包装就等于产品。对于许多产品而言，其物理结构包含了产品的视觉识别。产品结构与材质除了具有容纳、保护与运输的功能之外，也提供包装设计的设计平面。

在零售环境中，包装结构可以保存商品与商品的货架期，并提供影响产品第一印象的触觉质感与保护功能。产品会在最终顾客的使用中执行其符合人因工学的任务，如适当的开关、分配及在某些状况下产品的安全储存性。材质考量与材质优缺点都应在每项包装设计作业的初始阶段纳入考量。

包装结构与材质选择要依据以下方面考虑

是什么产品？

如何运输产品？

如何储存产品？

产品需要哪些保护？

产品将如何被展示？

产品的销售地点？

谁是目标消费者？

何种竞争类别？

成本预算是多少？

生产条件有哪些？

生产的预定时间？

需要开发新结构？

结构是否该具有专有性？

由于结构与材质影响到保护的有效性、产品运输与最终消费者的满意度，所以它是影响包装设计的关键因素。结构与材质受限制于市场的材料或新科技与创新，但无论如何，包装设计的根基都是取决于结构设计因素。

不同材质结构的基本认识是通往适当包装设计的关键，结构与材料又可大致分成几种不同类别。

5.1 包装设计材质的分类

5.1.1 纸材质

纸制包装容器在整个包装产值中约占50%的比例，全世界生产的40%以上的纸和纸板都是被包装生产所消耗的，可见纸包装的使用相当广泛，也占据着非常重要的地位。纸包装所具有的优良个性，使它长久以来备受设计师和消费者的青睐。

纸质包装有一定的强度和缓冲性能，在一定程度上又能遮光、防尘、透气，能较好地保护内装物品，同时纸包装能折叠、质量轻，便于流通和仓储。纸材具有很强的可塑性，根据商品的特性可设计制作多元化的包装造型，包装表面很容易进行精美的印刷，达到优秀的视觉效果，使包装成为商品的名副其实的"无声推销员"。随着人们环保意识的增强和对"绿色包装"的追求，取之于自然，能再生利用的纸材，使用面还会进一步拓宽，尤其是纸复合材料的发展，使纸包装的用途不断地扩大，同时还弥补了纸材在刚性、密封性、抗湿性方面的不足。

纸的可塑性使其成形比其他材料容易，通过裁切、印刷、折叠、封合，能较方便地把纸和纸板做成各种形式。纸包装容器的类型按结构形状可分为盒、箱、袋、杯、桶、罐、瓶等。

5.1.1.1 纸板

纸板具有功能性、成本效益且可资源回收的特点。其功能属性则提供创意结构开发的空间，一个简单的折叠板也有可能是很好的结构解决方案，因为其平整的表面就成了品牌识别的广告看板。

一般工业用的纸板是由原生木质纤维或再生纸制成。纸板的重量或尺寸必须符合产品纸盒的功能性与容纳诉求，产品结构与强度取决于其尺寸与重量。产品的结构设计取决于如何凸显品牌与产品特色的营销目标，包装品也可能会容纳与保护次要包装的内容物，如一条管子或瓶子，也可能是内部结构，如塑料盘或瓦楞套盒。

纸板是将许多纸张经过层压处理所制成的，最常见的纸板有以下几种。

（1）SBS（单一漂白磷酸盐纸板）

使用高纯度漂白的原生纤维，是属于价格最高的纸板，为了要制造出优质坚固的白色印刷表层，它会在纸板表面覆盖一层泥。通常使用于食品、乳制品、美妆、药用等产品。

（2）SUS（单一无漂白磷酸盐纸板）

使用高纯度无漂白的原生纤维，此天然的卡夫纸板提供非涂布纸与涂布纸两种纸类。由于此包装材质的强度，故常常被拿来当饮料、五金用品及办公室用具的包装。

（3）再生纸

是利用百分之百回收纸与纸板等多层原料制成的，同时也提供非涂布纸与涂布纸两种纸张的选择，非涂布纸板适用于合成罐（螺旋式的纸筒）与纸筒。涂布纸板适用于干粮包装，如饼干与现成的蛋糕包装，或是其他家居用品，如纸类产品与粉状清洁剂的包装。

（4）无纹硬纸板

是用废纸制成的，故其色彩一般呈现灰色或棕褐色，可用来制造折叠纸箱（以装饰性的包装纸或其他材料覆盖其坚硬的结构，通常是使用于包装礼品，如香水或玻璃制品等）。此材料同时也使用于其他折叠纸盒、气泡包装的衬板，低价位包装及其他不显现于外的内部结构。一般而言，无纹硬纸板不适用于印刷。

5.1.1.2　瓦楞纸板

瓦楞纸或纸板是由瓦楞"原料"纸经过层压处理后组成的。只有一面的纸板叫做"单面"；双边或双面的纸板中间夹着一层波浪状纸，因此而叫做"单壁"。蕊纸（波浪状的纸）一般都使用于包装易碎产品与物件，同时也用来支撑产品内部结构。而像是单面、双面或三面壁的瓦楞纸板几乎都使用于纸盒与容器的运输。单面瓦楞纸板通常都使用于高级包装设计，主要是将其瓦楞的特殊质感表现于外。印刷完的纸板与瓦楞纸板经层压过后，则成为重型产品的主要包装材料，如器具、厨房用品/居家用品（熨斗、烤面包机、餐盘、玻璃制品等）与电子产品等（电脑、相机等）。图5-1所示为各类瓦楞纸板。

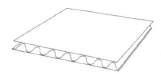  

（a）单壁瓦楞纸板（也叫双面瓦楞纸）　（b）单面瓦楞纸　　（c）双壁瓦楞纸板

图5-1　各类型瓦楞纸板

5.1.2 纸材质容器

5.1.2.1 折叠纸盒

折叠纸盒通常会有两种设计方式，像是纸板或瓦楞纸所切割的一体结构或压线（压出所需折叠的折痕）、折叠，最后再粘着结构。其纸盒上的图案或模线包含了其外表的轮廓形状、每一块纸板的切割线与压线，以及粘合纸盒结构的纸片。纸盒折叠有时也包含其他内部模线与局部剪裁，以增加纸盒的功能性。

以下是两种最常见的纸盒折叠设计。

（1）反向折叠

如图5-2所示，纸盒的上盖与下盖的方向是相反的，让上盖从前侧开到后侧，而下盖则是从后侧开到前侧；反向折叠盒上盖的接着边应在后侧。

图 5-2　反向折叠纸盒

（2）顺向折叠

纸盒的上盖与下盖的方向是相同的。其开启的方向通常是从后面往前开。以下是两种最常见的纸盒封箱方式。

① 插耳式　其卡榫是插入式纸盒的上盖卡榫作为封闭作用。

② 摩擦式　通过结构的交互作用来固定纸盒的四片卡榫，通常是上盖与下盖的侧边。

5.1.2.2 现成纸盒

现成纸盒指的是事先组装好且具有上盖与下盖的结构。它们通常都是在重量级纸板或硬纸板上附着装饰性的纸张、材料或其他能覆盖其整体表面的加工方式。一般都被美容、糖果、珠宝与其他高价位的产品所使用,这些精心制作的结构通常都能增加产品视觉外观的奢华印象。现成纸盒的装饰性外观提供产品在使用完后的再利用价值,因此也增加了产品的附加价值。新制造技术的开发,使得一件式至两件式的折叠纸盒,可以以低成本创造出整齐平滑的边缘,因而为产品的外观加分。图5-3所示为一款手工面食的特色包装设计。

图5-3 Brodofino 品牌手工制作面食新颖特色包装设计

设 计 阐 述: 面食通常是儿童的喜爱,此形状与图形的设计概念与金字塔形状相似,打开包装顶部可把面食倒出,在每个金字塔四边有不同的有趣人物,四个几何面都有各自不同的表达。

5.1.2.3 纸板筒

纸板筒是将纸板卷绕而成的筒状物,并以不同重量与长度生产。筒状容器也可以是由多层材质所组成的,如塑料壳、金属薄片或箔纸,而这些保护层一般都使用于零食、燕麦片、浓缩冷冻果汁与冷藏面。许多制造厂商为了保持竞争力,致力于开发更多的可能性,像是椭圆或其他不对称的独特造型、新的模线功能及新的加工技术。

5.1.2.4 其他容器

盘子、套盒、小袋子与提袋等其他结构,是针对主要包装设计、内包装结构或是两者结合的整体包装设计而使用。套管的构造可以千变万化,其轮廓与形状的裁切线可创造产品独特的外观。纸张或轻型纸板则是运用于弹性的纸袋包装。两个世纪以来最常见的方底纸袋,至今依然为许多产品所使用。而身为次要包装的纸袋,提供了商店、品牌与商品很好的广告宣传渠道。纸袋也可以结合塑料板或积层箔纸作为产品内容物的保护层。

纸板的弹性度提供创造新造型的开发，它可塑造成多元的包装形体或结合其他材质以扩增更多的可能性。材质的转换与印刷加工的丰富性，建立了产品包装的独特设计。纸板除了品质的印刷外，若能另外增加浮雕压印、箔纸烫印、箔纸层压、雾面与亮面上光、珍珠涂布层与其他技术的应用时，则可大大增加包装设计的表现。图5-4为一款台湾茶的包装设计。图5-5为一款牛奶制品的简约包装设计。

设计阐述：茶笑怡所采用的茶叶只在台湾有，甚至其茶包的棉袋也是坚持使用成本较高的台湾货，品质非常好。茶笑怡此次推出的冷泡茶是一种时下流行的健康茶，只要将适量的茶叶放入冷水中，静置数个小时就可以饮用，

图5-4 茶笑怡六角冰晶冷茶创意包装

健康价值非常高。仿佛飘落的雪花，为炎热的夏季带来清爽的沁凉感受。展开后露出中央的淡蓝冰山和冷泡茶包，优雅的设计让空盒可作为装饰或收纳小物使用。冰晶纸盒采用全卡榫无胶设计，每一个纸盒都由伊甸基金会的身障朋友手工制成，为弱势群体创造更多工作机会。

图5-5　Cassandra Cappello 简约有趣的牛奶制品包装

设 计 阐 述：这是一个学生设计的牛奶和果汁包装纸箱项目，这个系列的奶制品包括牛奶、巧克力奶、草莓香蕉汁。这个包装容器的设计灵感来源于旧金属牛奶罐子的简约设计，可以让这个产品系列在货架上脱颖而出。

5.1.3　塑料材质

各种不同种类的塑料提供不同容纳需求的品质与属性。它们可以坚硬或柔软、清澈、白色或彩色、透明或不透明，也可以塑造成许多不同形状与尺寸。

以下是包装中最常见的塑料类型。

（1）低密度聚乙烯（LDPE）

指的是具有收缩性的薄膜，专门用来包装衣物与食品。

（2）高密度聚乙烯（HDPE）

是坚硬且不透明的塑料，一般适用于包装衣物洗涤剂、家庭清洁剂、个人护理品等。

（3）聚乙烯对苯二甲酸酯（PET）

如同透明玻璃，可盛装水及碳酸饮料、芥末、花生酱、食用油与糖浆等食品，以及作为食物与药品的盒子。

（4）聚丙烯（PP）

用于瓶子、盖子与防潮包装。

（5）聚苯乙烯（PS）

有很多不同的形状，透明的聚苯乙烯是应用于CD盒或药品罐，耐冲击的聚苯乙烯是以热塑性塑料制成乳制品容器，发泡聚乙烯则是用来做杯子包装与食品对折盒（汉堡）、内衬盘、鸡蛋盒等。

塑料的材料与制造过程为结构设计师创造了新造型的空间。瓶罐与其他结构性造型包含了模内贴标、色彩选择、特殊金属的色彩与效果、浮雕压印及加工技术（如网版印刷、烫金等）。

硬塑料制品在装物品时会维持其形状。瓶子、罐子、管子与管状造型，这些塑料制品都可以现货选购或是委托订做。许多产品类别都是硬塑料制品，如牛奶、汽水、奶油、可微波的面食或米饭、洗发精、身体乳液、感冒药水、清洁剂与肥皂盘等容器。拥有专有外形或形状的塑料包装设计则具有高识别度，并且在产品类别中建立其独有的特征。图5-6所示为一款清洁产品的塑料材质包装设计。

图5-6　Live For Tomorrow 清洁产品包装设计

设计阐述：Live For Tomorrow是一款以植物元素为产品生产原料的清洁产品，环保无污染，设计师将环保生态的理念贯穿到瓶身的设计之中。

5.1.4 金属材质

　　金属包装的主要原料有锡、铝与铜铁。由于制铸原料容易取得，故金属结构的包装品能够以低成本量产。加工食品、喷雾罐、油漆、化学药品与汽车产品则是属于铁质瓶罐。铝包装的应用通常出没在碳酸饮料及健康与美容类别中；铝箔容器使用于烘焙食品、肉类食品与熟食类。

（1）金属罐

　　早在19世纪金属罐就存在了，早期的马口铁罐或镀锌罐子的使用是为了给英国军队供应食物，后来才被引进到美国。现在的金属罐除了重量轻之外，也在金属表层镀上防止食物腐坏的物质。一般的金属罐生产分成两片罐与三片罐的设计。两片罐指的是有底部的圆柱壁与另外组装的易开片。这些金属罐都没有侧缝，因此印刷可以完全包围筒状的表面。碳酸饮料罐就是两片罐印刷的最佳范例。三片罐是一个圆筒结构与另外两块分开组合的铁片。一般三片罐都有展示品牌识别与产品信息的纸标签，像是罐头制的蔬菜与汤。三片罐都是经过密封处理，因此保存期限比较长；它们拥有与玻璃材质一样的惰性特质，因此可提供良好的保护。金属罐包装具有结实、节省空间与可回收的特性。图5-7所示为一款饮料的包装设计，图5-8所示为一款啤酒的包装设计。

图 5-7　Doublevee 品牌混合饮料包装设计

设计阐述：设计了一系列五种不同但类似模式的罐，选择了名称 Doublevee，这个名字听起来有点离奇和复杂的感觉。俏皮，优雅，有点豪华。这个充满活力的设计模式让整个产品在商店货架上脱颖而出，吸引消费者的注意力。

图 5-8

图 5-8 Brutal Brewing 品牌啤酒包装

设计阐述：Brutal Brewing品牌的啤酒味道很冲。遵循传统的酿酒艺术与科学配比，设计师开发了一个可以让产品在货架上脱颖而出的包装设计方案，采用铜黄色以及制作人的插图图像集合的方案为顾客提供了一个珀尔和阿马里洛啤酒花浓郁的香气保证，让人们在繁忙的社会活动中可以拥有一个放缓脚步的地带。

（2）金属管

一般的金属管是由铝制成的，经常运用于药用及健康与美妆产品，如乳霜、凝露、软膏、个人润滑油，或是其他半固态，如黏着剂、密封胶、填缝剂及涂料等，都是常见的管状包装。为了防止产品腐坏而将管子做特殊压层处理，不但使其轻盈，同时也给予产品有效的保护。

5.1.5　玻璃材质

玻璃容器的形状、尺寸与颜色都有很多的选择性，是消费品类别中最常见的包装。玻璃可被塑造成多元的特殊造型、大小不同的开口尺寸与浮雕装饰的点缀，除了这些之外，也可增加其他装饰性加工以提升包装设计的整体品质。创新造型的瓶罐设计是通过不同商标与印刷技术营造而成的专有包装设计。玻璃天然的惰性特质（意指不会与盛装物起反应），适合于盛装容易对特定食品、药物及其他产品种类起反应的物质。

如同纸箱一样，玻璃与塑料都在角逐成为包装设计的材料。玻璃的重量与易碎性会影响到生产与运输的成本，连带也会考量到其成本效益与材质的适用性。玻璃所具有的透明性与触感，则是被视为可靠且特殊的材质，其运用的范围包含了香水、美妆、药用、饮料及其他美食与奢侈品。

一般对于玻璃包装的产品的感知是比较高等的，通常其外观、气味与味道都会比其他材料所盛装的产品来得好，因此许多含酒精及非碳酸饮料（如运动饮料、茶、果汁、水）都使用玻璃瓶包装（虽然现在有许多高级的塑料包装也加入了竞争行列）。

在《玻璃的触感》（"A Tough of Glass"）中，安德烈·卡布兰（Andrew Kaplan）说过："过去的几十年以来，包装设计对于宣传有着非凡的贡献。消费品公司，如安海斯布希（Anheuser-Busch）、可口可乐（Coca-Cola）、戴蒙特（Del Monte）、雅诗兰黛（Estee Lauder）与巴卡第（Bacardi）都以提升包装设计的创意与制造为营销产品的最高原则。而这样的转变，促使本身具有优质条件及保护性特佳的玻璃成为更广泛使用的产品容器。"图5-9和图5-10为两款产品的玻璃材质包装设计。

图5-9 "半品脱"玻璃牛奶杯设计

设计阐述：这款牛奶杯像是一个已经打开的牛奶盒，材料为玻璃，采用吹制和塑模两种工艺制成，不规则的开口让人想起新开封的牛奶，带棱角的设计让奶瓶更不容易从手中滑落。简单、优雅、有趣。

图5-10

设计阐述：Li Grand Zombi 被认为 Shiite纯粹乐观主义的象征，一向以平和乐观的精神状态存在于人们的印象之中。蛇也被认为是有灵智的聪明动物之一，考虑到这些美好的精神存在，设计师设计了这款优美的香水瓶外观样式，并以此作为祈祷客户和平与幸福的温暖象征。

图 5-10 特殊寓意的 Li Grand Zombi 香水包装

5.1.6 新型材质

随着大众环保意识的加强，包装材料不断地推陈出新。

（1）香溢技术

消费者是依据自己对包装设计的观看与触摸的感觉，而对产品有所反应。然而新的材料制造技术提供更多探索包装设计的机会，希望能借由新的包装设计来吸引更广大的消费者注意，并使他们驻留于货架前。有些包装设计可以表现出气味与味道。

气味可以唤起记忆、经验与愉悦，引起情感与饥饿，引发真实的行动，因此气味被归纳为包装设计材料中的顾客经验。新开发的香味墨水则是将刮嗅技术应用于包装设计，是将墨水压缩成聚合物，经摩擦后才得以释放。除此之外，新的香味传播方法则是将香味直接加入印刷过程中，使包装图形之上包裹一层透明的亮光膜。

香溢技术是领导全世界嗅觉包装科技发展的新技术。香溢技术将味道的成分直接加入食品与饮料包装中，同时也把香气带入商品包装。因此包装本身就具有香味了。这项科技强调大多消费者的经验并创造更多令人难忘的品牌体验；此技术也可以解决许多塑料包装既有的问题，其中包含塑料包装气味的覆盖及减轻塑料制品的味道，因此也延长了商品货架期。

保持对于新制造方式、材料与生产技术趋势的高度关注，则可为成功的包装设计带来竞争性的优势。

（2）秸秆容器

利用废弃农作物秸秆等天然植物纤维，添加符合食品包装材料卫生标准的安全无毒成形剂，经独特工艺和成形方法制造的可完全降解的绿色环保产品。该产品耐热、耐油、耐酸碱、耐冷冻，价格低于纸制品。不仅杜绝了白色污染，也为秸秆的综合利用提供了一条有效的途径。

（3）真菌薄膜

在普通食品包装薄膜表层涂覆一层特殊涂层，使其具有鉴别食物是否新鲜，有害细菌是否超出食品卫生标准的功能。

（4）玉米塑料

它是美国科研人员研制出的一种易于分解的玉米塑料材料，是玉米粉掺入聚乙烯后制成的，能在水中迅速溶解，可避免污染和病毒的接触侵蚀。

在包装材料上的革新还有很多，比如用于隔热、防震、防冲击和易腐烂的纸浆模塑包装材料；植物果壳合成树脂混合物制成的易分解材料；天然淀粉包装材料等。在包装的设计上要选择后期易于分解的环保材料，尽量采用质量轻、体积小、易分离的材料；尽量多采用不受生物及化学作用就易退化的材料；在保证包装的保护、运输、储藏和销售功能的同时，尽量减少材料的使用量等。

（5）防辐射膜

日本大型瓦楞纸制造商联合包装公司（RENGO）2012年5月2日宣布，研发出了一种可以阻隔辐射的树脂膜，该产品可用于覆盖核污染废弃物的临时存放场所，福岛核事故发生后会出现此类市场需求。

辐射阻隔材料多由铅板等坚硬沉重的材料制成，制造薄膜状产品有时还需用到稀土。日本开发出的树脂膜由富有弹性的树脂制成，轻盈且成本低廉。树脂膜厚度为1～2毫米。2毫米产品的辐射阻隔率约为6%，重叠使用10张则约可阻隔一半辐射。据悉，和相同厚度或阻隔率的金属制产品相比，该产品价格不到1/20。

（6）活性包装

2013年，英国机械工程师学会发布报告称，全球每年生产的40亿吨食物中，有30%至50%被浪费，而造成这一问题的原因之一就是在运输和储存过程中造成的浪费。

西班牙一家科研机构2013年推出了三种"活性包装"，据称能够有效减少食物浪费。"活性包装"又称"智能包装"，指的是在包装袋内加入各种气体吸收剂和释放剂，调节食品储藏环境中的各种气体浓度，去除有害气体和水汽，从而使包装袋内的食物始终处于适宜的储藏环境，延长食物保质期。在全球食物浪费严重的今天，"活性包装"能够有效减少食物浪费。

第 6 章

包装设计
——可持续设计

6.1 可持续包装设计概念

　　3R 原则是（the rules of 3R）减量化（reducing）、再利用（reusing）和再循环（recycling）三种原则的简称。其中减量化是指通过适当的方法和手段尽可能减少废弃物的产生和污染排放的过程，它是防止和减少污染最基础的途径；再利用是指尽可能多次以及尽可能多种方式地使用物品，以防止物品过早地成为垃圾；再循环是把废弃物品返回工厂，作为原材料融入到新产品生产之中。3R 原则中各原则在循环经济中的重要性并不是并列的。按照 1996 年生效的德国《循环经济与废物管理法》，对待废物问题的优先顺序为避免产生（即减量化），反复利用（即再利用），和最终处置（即再循环）。

　　包装的可持续性主要是指提高包装中的绿色效率与性能，即包装保护生态环境的效率，提高包装生态环境的协调性，减轻包装对环境产生负荷与冲击的能力。具体地说，就是节省材料、减少废弃物、节省资源和能源，易于回收利用和再循环，包装材料能自行分解，不污染环境，不造成公害。

　　包装与环境相辅相成：一方面包装在其生产过程中需要消耗能源、资源，产生工业废料和包装废弃物而污染环境；另一方面，也要看到包装保护了商品，减少了商品在流通中的损坏，这又是有利于减少环境污染的。因此，包装的目标，就是要以最大限度地保存自然资源，形成最小数量的废弃物和最低限度的环境污染。

　　包装可持续性的意义主要在于加强对包装生产的管理和包装废弃物的回收、处理。尽管包装的发展存在着各种各样的指责，如包装废弃物将破坏环境，包装诱使过度消费等。但是，世界公认包装的三种作用变得越来越明显，即包装在经济发展中的中心性，包装的环境保护责任性和致力于改善人类生存条件的技术创新性。

　　研究商品包装可持续性概念，其目标是寻求商品包装的正确选用和开发，而最终目标是寻求商品包装的合理化。所以商品包装的合理化理论是研究商品包装使用价值的重要内容。根据商品包装使用价值的理论，商品包装合理化所涉及的问题包括有社会法规、废弃物处理、资源利用等。

6.2 包装设计的可持续性

　　材料是包装设计具有可持续的载体。抛开其他一切，包装设计就是关于材料的设计。所有与材料相关的设计流程都要预先考虑选择不同材料所能产生的不同后果。

6.2.1　可持续的包装材料

　　绿色材料就是可回收、可降解、可再次循环利用的材料，对环境无害，或者至少把对环境的负面影响降到最低，尽最大可能节约资源，减少浪费。绿色材料应具有的必要特性如下。

　　第一，在材料的获取方面，无论是从石油中提取的塑料，金属中提取的墨水，还是用木头做成的纸和用复合材料制成的板材，在提取的过程中，都必须做好保护环境的工作，整个流程必须是符合可持续包装要求的。更重要的是，不应该再去开采一些珍贵而无法恢复的自然资源，例如古老的原始森林。

　　第二，绿色材料必须是低毒性甚至是无毒的。这涵盖了大部分包装设计的过程，例如，在纸张的制作中，最重要的就是纸张漂白和纸浆制作的过程，这其中会产生一些有害物质；而对于墨水来说，制作过程中产生的大量可挥发性物质尤其令人重视，因为这些物质往往是有毒的；对于塑料来说，我们需要考虑的是塑料材料本身所具有的毒性。因此，必须正确处理这些有毒的废弃物，而处理的源头就是减少或不使用有毒的包装材料。

　　第三，绿色材料的制作应利用可再生能源。可再生能源包括太阳能、风能、生物能和地热能。由于包装制作和运输过程需要耗费大量的能源，因此我们需要改进包装材料对能源的利用模式以减少传统不可再生能源对环境造成的严重影响。

　　第四，绿色材料应是可被回收利用的。绿色包装设计中使用的材料都必须可以在某种程度上被重新使用，而这也是提高经济效益的方法，企业可通过材料回收来减少废品的产生，例如从固体废料中找到有价值的金属材料进行二次利用，从而降低成本，并且提高材料的生产率。

　　图6-1所示为可口可乐新的绿色包装设计。

　　第五，绿色材料应该是有机的。有机材料往往是可降解、可循环使用的，是一种理想的绿色材料。有机材料能够提示消费者自觉处理废料，如用来照料自己的花园；有机材料还能为企业提供新的发展思路，如有些公司把废弃包装作为自己的品牌与其他品牌的区别点，这是提高品牌辨识度的好方法，同时还能获得那些重视绿色环保客户的青睐。虽然有些公司还不能让包装变得完全有机，但是也已经开拓了有机包装材料的市场。

图6-1　可口可乐的绿色包装

设 计 阐 述：2013年可口可乐在阿根廷推出了绿色包装的新产品"Coca Cola Life"，这种饮料中含有蔗糖和不含卡路里的甜叶菊。新产品最大的亮点是其引人注目的绿色商标以及独特的包装瓶，据说这种包装瓶由含有30%的植物材料制作而成，并能够百分百进行回收，非常环保。

6.2.1.1　有机材料

（1）竹子

竹子是一种优质的家居用品材料，因为它坚固、耐用、环保，并且材质轻巧。"负郭依山一径深，万竿如束翠沉沉。"竹子外形笔直、挺拔，质地坚硬，又具有很好的柔韧性，且生长迅速，一直以来都是非常理想的建筑、编织材料。用竹子做包装材料，其优势主要在于：首先，竹子经处理后，就可以长久保存而不变形、变质，竹质包装是可被多次重新利用的，其生命周期很长，消费者在使用竹质包装的产品后，通常都会赋予包装以新的用途，而不是丢弃，而且，即使被丢弃，也能很容易地被降解；其次，竹子本身的特点也使其成为一种良好的材料来源，由于竹节是中空的，可以作为天然的包装盒，且灵巧轻便，而竹条可以进行编织，竹叶可以用来包裹，再加上竹子具有十分优美的纹理、纯自然的色泽、清新的香味，因而，用竹子做的包装往往会显得独具匠心，十分引人注目，无疑为其包装的产品增加卖点，成为绿色产品的优秀代言人。图6-2为一款运动鞋的竹筒包装设计。

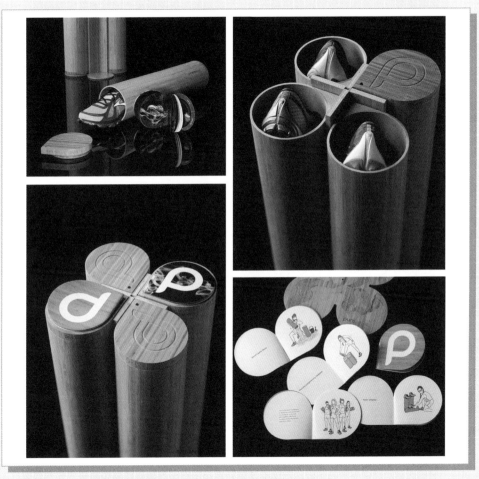

图6-2　Pureproject 鞋盒竹筒包装设计

设计阐述：用竹子做的包装盒，在竹筒的两头还巧妙的加上了两个小画册，既可以作为盒盖又能教大家怎么玩这个竹筒，非常有意思。

（2）有机作物

以有机作物作为原料，可以保证包装材料纯天然无毒无害，且对环境也不会造成污染。比如玉米塑料，用这种有机材料制成的日常生活用品和其他工业品，都能够在使用后完全降解成二氧化碳和水。因此，人们又将玉米塑料称为"神奇塑料"。在2005年的日本爱知世博会上日本的企业展示了玉米塑料制成一次性餐盒、饮料杯、食品包装袋、塑料托盘等由生产、使用到降解的全部过程。

与此同时，玉米塑料不仅环保，而且还能解决玉米因积存而产生的浪费问题，因为玉米在储藏两年后，就会产生致癌物质而无法食用，所以必须寻找另外的使用途径才可不至于浪费，而玉米塑料就是其最好的归宿。通常包装瓜果蔬菜的都是塑料袋或塑料薄膜，会造成难以降解的环境问题，而且塑料本身具有的毒性也会污染果蔬产品，而消费者往往会直接食用这些产品，尤其是用保鲜膜包装的鲜切水果、即食快餐、糕点之类的产品，这些都会影响到消费者的健康。

除了玉米，其他快速生长的植物、农作物的副产品，如香蕉皮、甘蔗渣，也能成为不可降解材料的替代品。农作物的废料常常会被焚烧掉，这不仅增加了温室气体的排放，而且也是一种资源浪费。用一些农作物的果壳之类的"废料"制成包装材料，如制作成包装纸，既是对资源的有效利用，也是一个新的并且十分具有竞争力的市场，因为我们有非常多的这种"废料"。从市场的角度来看，使用这些所谓的"废料"制成的包装纸，能为产品提供良好的商机，如一个香蕉皮制成的纸箱更具有新鲜感和独特性。另外，一些植物，如棕榈、洋麻，生长的速度快，且不需要太多的养分和水，也是很好的包装材料。

图6-3为一款口红的玉米塑料包装设计。

6.2.1.2　木质材料

木材是种坚固的材料，能重复使用，可作为鱼、新鲜水果和蔬菜的包装。木材应用广泛，在包装方面的用量仅次于纸。木材具有很多其他材料无法比拟的优越性，首先，木材机械强度大，刚性好，耐用，负荷能力强，能对产品起到很好的保护作用，能包装精致小巧的产品，同时也是装载大型、重型产品的理想容器。其次，木材弹性好，可塑性非常强，容易被加工、改造，可被制成多种不同的包装样式，也可达到多种造型要求，从厚实的板条箱、较薄的胶合板，到十分轻巧的薄木片，无论方形、三角形、圆形或不规则形、天地盖、翻盖还是抽板，只要能设计到，几乎都可以做到。最后，木材包装可被多次回收利用，即使成为废品，也还可进行综合再利用。另外，木材包装带有淳朴的纹理和天然的色彩，无需再进行过多的外观设计，就具有很好的绿色环保形象。

设计阐述：CARGO化妆品为迎接地球日推出Plant Love(TM)口红。这是一款使用玉米塑料包装的可完全降解的产品。Plant Love(TM)不仅提供了环保包装而且产品具有植物性配方。

图6-3 CARGO 化妆品 Plant Love(TM) 口红玉米塑料包装设计

这款口红管使用的材料是PLA(Polylactic Acid)，第一种完全玉米合成出的聚合物，一种可再生的资源，它代替了传统的以石油为基础原料的塑料。NatureWorks®; PLA是市场上第一家温室气体中性排放的聚合物，可以帮助对抗全球性的气候变暖问题。

这款化妆品的外包装也是环保的，它由可生物降解的纸张混入花籽制成。把包装弄湿并埋在土里，几个星期内就会长出漂亮的花来。口红的配方是环保的，不含矿物油或石油，植物性配方包括兰花萃取物，Jojoba 和 Shea 树脂及维生素 E，可滋润嘴唇防止干裂。

当然，木质材料也有其不足，主要是易燃，长期使用后易变形、易被蛀蚀，而且大型木板箱大多不可折叠，易吸湿，不能露天放置，从而给贮藏和运输带来众多不便。同时，生产机械化程度也不高。更重要的是，木材资源日渐缺乏，亟须加以节约和保护。木质材料包装主要包括以下两种。

（1）盒装设计

盒子可用于运输散装和小包装的食品，为商品的保存提供了较好的条件。

小型木盒因其古朴厚重的质感、精细的做工、考究的用料、精美的外观和多样的造型，经常被应用于高档消费品的包装，如茶叶、酒品礼盒，保健品、化妆品等，是一种具有很好的观赏性和应用性的包装形式，并且很容易被消费者收藏或再利用。

由于原木的价格偏贵，为了节约成本，现在木盒多以胶合板、中密度纤维板来代替原木，既节约了成本，又获得了不亚于原木产品的质量。图6-4所示为一款创意黑板擦的包装设计。

图6-4 Huzi Dream Car 创意黑板擦礼品包装

设计阐述：除去使用汽车装束和独特的外观形式以外，这款不错的保障设计可以让品牌不失优雅，并且巧妙将勤于动手的理念关注在产品的设计当中。这个使用胡桃木、榉木和杨木制作的黑板擦暗藏放置粉笔的仓位空间，精致的外观设计可以当做玩具一样传承下去。

（2）板条箱设计

板条箱包装灵活性很大，能根据情况进行相应的处理。板条箱通称围板箱，是一种可拆卸木箱，其长、宽是根据底部托盘的尺寸确定的，托盘大小、使用的木板层数可根据产品的大小高度来决定，能最大限度地提高箱体空间的利用率。围板箱不会因为箱体的部分损坏而导致整个箱体的报废，只要是同一尺寸的木板，就可实现互换修补，这样可以在很大程度上解决木箱包装的浪费问题，节约木材资源。最后，围板箱在运输时可将围板折叠为双层或四层相连的木板摆放在托盘上，这样就大大地减小了储运体积，能有效地降低运输成本。如图6-5所示为一款蜂蜜产品的板条箱包装设计。

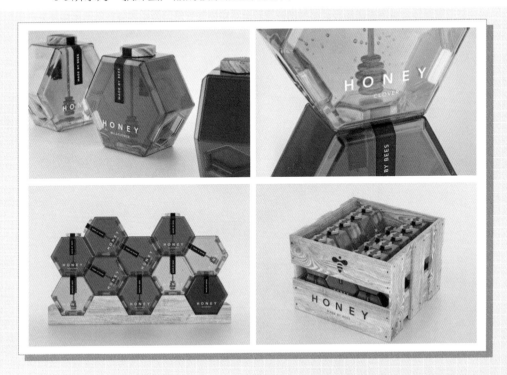

图 6-5　Hexagon Honey 蜂蜜包装设计

设计阐述：俄罗斯 Maks Arbuzov 包装设计师作品，自然的形式展现产品自然是最好的方式，设计师进行了六角玻璃瓶设计，并采用木制板条箱盛装瓶子。

6.2.1.3　纸质材料

纸制包装是包装材料发展的趋势。全世界各种纸和纸板的需求量逐步呈上涨趋势，纸质包装材料是100%可回收利用的，可再生和可降解使之成为一种可替代市场上其他包装材料的环保材料。如图6-6所示。不过纸在生产过程中也会产生许多污染，尤其是水污染，同时也会消耗木材。世界上纸的大量使用，不得不让我们意识到这些问题。在环保层面，我们应该采取措施对纸的生产过程进行处理，早日实现其无污染化；在资源层面，我们则应优先选择可回收利用的纸。我们需要促进废纸收集系统的效率，减少能源的消耗和对世界森林的破坏。根据环境保护费用的换算，回收利用1吨的纸就相当于节省了约1500升的石油，而且100%的纸板回收还能大大地减少焚烧和填埋的压力。由奥地利加工成盒的Manner糖果纸盆，采用Scotch ban涂料处理过的防油纸，免除了以往的铝箔内衬，一年可节省8吨铝铂。

现在有一种新的造纸技术——石头纸技术。石头纸就是用石头制纸，原理就是将石头的主要成分"碳酸钙"研磨成超细微粒后吹塑成纸。这种纸以地壳内最为丰富的矿产资源碳酸钙为主要原料，以高分子材料及多种无机物为辅助原料，是经特殊工艺加工而成的一种可逆性循环利用、具有现代技术特点的新型造纸技术。这种技术作为一种"时尚"的环保概念而在全球号召节能减排的大背景下被人们重视。该技术的诞生，既解决了传统造纸污染给环境带来的危害问题，又解决了大量塑料包装物造成的白色污染及大量森林、石油资源浪费的问题。石头纸在生产过程中无需用水，不需要添加强酸、强碱、漂白粉及众多有机氯化物，比传统造纸工艺省去了几个重要的污染环节，减少了因产生"三废"而造成的污染问题。同时，石头纸的成本比传统纸张低20% ~ 30%，价格也低10% ~ 20%。

石头纸的应用领域极其广泛，可应用于垃圾袋、购物袋、餐盒、雨衣等，也可应用于文化用纸，还可应用于建材装饰和工业包装等领域，甚至特殊用纸，而且随着技术的不断成熟和升级，应用领域还将更大。总之，石头纸产品有着极强的竞争力，市场前景非常好。

图6-6 E-Oliva 纯朴的手工包装形象设计

设计阐述：E-Oliva是一款家族企业采用最传统的制作方法挑选最高品质的原料和工艺制作的橄榄油，在包装以及手工制作上都达到了最上乘的品质，该款产品的包装使用自然牛皮纸盒手工缝线金属进行装箱。

6.2.1.4　可食用材料

如何才能减少包装的浪费和污染，最好的办法当然就是吃掉它们！

创意设计工作室"The Way We See The World"最新设计出来一款可降解、可食用的一次性杯子，取名为Jelloware。这些可食用的一次性杯子由一种琼脂制成，有不同口味，比如有迷迭香那样的甜感，还有甜菜味和柠檬味的。当然，如果不想吃，即使把Jellowa杯随意地投掷到草坪上也没关系，因为它会很快降解，里面的琼脂还会帮助植物生长。这个一次性杯子的技术还将会被运用到制作可降解的塑料中。

此外，现在还有用竹纤维与食品胶、面粉混合制成的碗、盘、筷子、勺、杯子、饭盒、一次性快餐盒等环保餐具，不仅可以作为日常生活用具，还可以食用。所以，饿了咬碗吃也不再是笑话了。

总之，随着包装技术的革新，可食用性包装材料纷纷上市。下面是世界上已有的10种可食用的材料。

（1）大豆蛋白可食性包装膜

它具有许多优点，如既能保持水分，又能阻止氧气进入，还能确保脂肪类食品的原味。食用后营养价值高，同时易于处理，完全符合环保要求。

（2）壳聚糖可食性包装膜

这种包装膜主要用于果蔬类食品的包装。它采用贝类提取物壳聚糖为主要原料，与月桂酸结合在一起，便可生成一种均匀的可食薄膜，厚度仅为0.2～0.3mm。用该包装膜包装去皮的水果，有很好的保鲜作用。

（3）蛋白质、脂肪酸、淀粉复合型可食性包装膜

这种包装膜的特点是可根据不同需要，将不同配比的蛋白质、脂肪酸和淀粉结合在一起，生成不同物理性质的可食性薄膜。

（4）水蛋白质薄膜

这种包装膜适合于覆盖膨化淀粉食品。该膜是一种可代替泡沫聚苯乙烯的新型包装材料，其强度与普通食品包装用的合成薄膜相当。因为它的主要成分为玉米，所以具有生物分解性能，不会污染环境。

（5）渣为原料的可食性包装纸

它除了可用于一般的食品包装外，最适合作为快餐面调味包的包装，其特点是用热水一泡便溶化，不用撕开包装，不仅方便，而且还有一定的营养价值。

（6）食性包装容器

这种容器主要用于土豆片的包装。在试制过程中，模仿土豆片的加工工艺，添入熏味、酱味、鸡味等不同口味，以及酸、咸、辣等不同风味的调料，以满足不同消费者的喜好。

（7）米蛋白质包装膜（纸、涂层）

主要用作快餐盒和其他带油食品的包装及涂层，由纸与玉米蛋白质合成，不会被油脂透湿，而且将其放入油锅煮沸也不会变质。

（8）胶片和蛋白质涂层包装

这种包装无毒，易于处理，且可承受一定温度和水分的侵蚀。

（9）米淀粉海藻酸钠及壳聚糖复合包装膜（纸）

这两种包装膜（纸）可用于果脯、糕点、方便面汤料和其他多种方便食品的内包装。其主要特点是具有较好的张力和延伸性，以及很好的耐水性。

（10）物胶涂层包装纸

由这种涂层包装纸制成的容器可用于包装快餐食品，或包装要求承受一定温度和水分的食品。它是利用特制的淀粉胶及骨胶，配以一定量的添加剂，将制得的胶料涂于纸表面而得到的耐水、耐油的涂层包装纸。

6.2.1.5　可降解材料

可降解材料是一类能完全被自然界中的微生物降解的材料，其最理想的效果是能被完全分解成水和二氧化碳，达到对环境完全无毒无害的效果。

（1）蛤壳

蛤壳是由生态友好、可再生的甘蔗渣制成的。甘蔗渣是甘蔗的副产物，如果没有得到合适的利用，就会成为污染环境的固体废料。其实甘蔗渣完全可以被回收利用，是一种不太昂贵的能量原料。黑渣用途广泛，不仅可作为燃料，经处理后还能作为牲畜饲料，通过压模成形，还能制成快餐盒、一次性碗碟，由于其富含纤维，因而还可以用来造纸。

把一棵坚硬的树变成柔软的纸张需要花费多少能量？比如使用竹子，需要花4倍的能量才能变成纸，这样的纸没有可持续性。而我们100%使用甘蔗渣制纸更为环保，并且用甘蔗渣蛤壳做成的纸盒不需要胶水。

甘蔗渣制成品有十分好的可降解性，一般废弃后，180天就可完全降解，不会对环境造成影响。

（2）未漂白纸

材料由可再生资源造纸生产过程中，漂白是造成污染的主要来源之一，其中漂白过程中混入的"氯"是有很大毒性的，因而要坚持无氯的包装。未漂白纸不产生有毒性的氯，有些通常使用二氧化氯来代替氯元素，因此减少了约90%的有害副产品。未漂白纸用于制造纤维的木料来自可持续的生态森林，而不是从原始森林中采伐获得，有些未漂白的纸板箱的原料是全部采用回收（废碎）的纸或者纸板制得的浆。图6-7所示为一款可降解食品包装设计。

图6-7　Natural Delivery 可降解食品包装设计

设计阐述：这是一款产品整体包装设计项目，该公司为顾客提供自然健康的食品送货服务，这个独特的折叠盒子构成了一个独特优化的产品运输安全保障结构，减少了工人整理搬运的时间成本，方便顾客个人携带以及使用，放平的保障设计也可以成为食用食品时的餐垫。该产品的包装材料环保无污染，可以进行自然降解。更为巧妙的是，该食品包装袋子里面已经设置了各种饭食隔离的区域，不至于让口味混淆。

6.2.1.6　可回收材料

可回收的材料是减少包装污染和解决垃圾焚烧、填埋问题的根源。可回收的材料具有更长的生命周期，能发挥更大的价值，能得到更多、更全面的利用，从而缓解资源紧张的问题，尽最大可能提高资源利用率。

可回收材料包括材料自身可以回收或材质可再利用的纸类、硬纸板、玻璃、塑料、金属、人造合成材料等，是包装体现其作为产品的属性的起始点，也是包装走向新生道路的"重生"点。利用可回收材料进行设计的包装设计师，就是赋予包装新生命的创造者。

（1）纸板

每回收1公斤纸，就可以节约30升的水，以及3～4千瓦时的电。这就意味着回收每吨纸可以减少1.5～2吨的二氧化碳排放。用于包装的纸板主要是箱纸板和白纸板，较为坚固耐用。

（2）瓦楞纸

瓦楞纸是一种应用最广的包装材料，可用于小型包装，也可以制成大型纸箱。瓦楞纸是由挂面纸和通过瓦楞棍加工而形成的波形的瓦楞纸黏合而成的板状物。瓦楞纸具有许多独特的优点，比如轻便、牢固，利于装卸运输，原料充足，包装作业成本低，金属用量少，可回收复用等。当然，虽然瓦楞纸可被回收利用，属于绿色环保产品，但由于其主要原料是木材，所以也要注意森林资源消耗的问题，因而需要新技术来提高其回收率和资源利用率。目前，用于运输的瓦楞纸箱的销售量开始下降，而那些具有较高强度、良好广告宣传功能，并且印刷精美的瓦楞纸箱需求量却与日俱增。

图6-8为一款三星手机的环保包装设计。

（3）玻璃

玻璃的成分主要是二氧化硅，在自然环境下，需要100万年的时间才能彻底分解。但玻璃易于清洁灭菌，便于回收利用，并且每回收一个玻璃瓶所节省的能量能够让1个100瓦的灯泡亮4小时。

玻璃回收有两种途径，一种是仍作为玻璃制品的原料进行回收，另一种是被加工转型为其他形式加以重新利用，如粉碎成小颗粒或研磨成小玻璃球，或者制成玻璃纤维。虽然第一种回收利用所重新制成的玻璃品的质地往往不是很好，比如含有金属、陶瓷等杂质，颜色不纯等，但只是降低了其观赏性，并不影响其功能，并且，随着技术的不断发展，玻璃回收能力也在不断提高。

图6-9为一款果汁的玻璃瓶包装设计。

图 6-8　三星 GALAXY S4 环保包装盒设计

设计阐述：包装盒采用了全新的设计，整个外观看起来相当不错。包装盒为长方体结构，盒子以暖黄色为主打色，给人一种温馨的感觉。盒子侧身附有贴心提示："此包装采用了 100% 可再生环保纸质，字体采用大豆油墨印制（以大豆油为材料所制成的工业印刷油墨，是一种环保的油墨），可循环利用率为 100%。"盒子主要分为两部分，正面印制产品名称，底部印制相关功能介绍。Galaxy S4 盒内还有充电插头、数据线和耳机。

设计阐述：为塞尔维亚公司 Zdravo Organic 的纯天然果汁产品以及其他健康的有机生物食品重新设计的视觉元素，包括标签设计，新的玻璃容器的设计。"Zdravo"，在塞尔维亚人语言中意味着健康的、友好的生活方式。

图 6-9　Zdravo Organic 的纯天然果汁产品包装

6.2.2 可持续的包装结构

6.2.2.1 包装结构的优化

（1）内部结构

简洁而设计合理的包装，其内部结构不但能够保护产品，具有一定的美观装饰作用，而且能够节约包装用料，尤其是纸质材料。内部结构的展开形式应当尽可能地呈方形，因为印刷成品在切版工艺中最容易造成材料的浪费。

提及包装内部结构的简化，我们往往会以国内的月饼包装为例。想到它不是因为其包装内部的简洁，而是因其繁复的包装已成为过度包装的"典范"。现在许多月饼包装具有多重内部结构，在内包装与外包装之间有时还有一个盒子。这些盒子的材质更是多样化，涵盖了纸质、塑料、金属等。这些内部结构并没有什么实质性的作用，只是生产商为了吸引消费者，对产品进行的装饰性手法。这些多余的结构既浪费材料又增加了成本，因此应该简化。

包装内部结构在设计时应当考虑包装成本与内装产品价值之间的关系，在满足保护产品、方便运输等基本功能的前提下，应当尽量简化内部结构，除了必要的个体包装、分割性结构之外，减少包装材料的消耗，减少加工制造的工序，以有效降低包装的成本。

另外，内部结构的简化还可以体现在结构的功能化方面。这里举个灯泡包袋的例子：灯泡包装的内部结构设计有向内凹陷的设计，这些设计基于灯泡本身的造型，是为了使之在该结构中能够固定，避免灯泡在运输过程中破损。这样的一体式结构省去了另外的固定结构。

（2）外部结构

将包装的外部结构简化，要求在设计中体现"更少、更好"的深刻内涵，其核心就是包装外部结构的"恰如其分"，即在不影响包装物理机能的前提下，简化结构内容，除去干扰主体的不必要的东西，删除可有可无或繁琐的结构形式，减少无谓的包装材料、生产能源消耗，从而减轻包装自重、方便运输分流、控制包装垃圾，在精简与功能上寻求个平衡点使其兼具美观和环保双重特性。

简化包装的外部结构有很多种方法，最主要的方法是采用接近几何体的包装。现今，市面上大部分商品的包装外部结构都较为简洁，采用方体、圆柱体等一些简单的几何形体。采用这些形体有多方面的原因，如方便运输、陈列、所需的原材料相对较少等。简洁的外部结构不仅能够节约成本、资源，具有一定的经济效应，还能够方便使用。

图6-10为一款啤酒的方形包装设计。

图 6-10 法国 Petit Romaine 喜力方形概念设计

设 计 阐 述：为了克服因间隙造成的啤酒瓶的损坏，喜力啤酒方形优化存储概念这个设
计理念是为了解决从制造商到消费者的运输过程。在运输过程中，它简约的造型，赋予了
它强大的视觉形象，并在消费者心目中形成了一个全新的造型。而这个新型的造型与以往
更不同的是，把方形的其中一角作为瓶口，这也成为一种新型的饮用啤酒的方式。

6.2.2.2 包装结构的简易化

（1）运用编织技术的包装

自古以来，编织就与包装有着紧密的联系。在远古时代，人们就懂得利用
植物叶、树枝、藤条等编织成类似现在使用的篮、篓、筐、麻袋等物来盛装、
运送食物。这样的篮、篓、筐、麻袋都是由韧性很强且结实的取自自然的材料
简洁编织，上面没有多余的琐碎细节，表现出自然材料特有的质朴美感，细竹
条的间隙通透、自然，食品放置于其中不易变质。从某种意义上来说，这已经

是萌芽状态的包装了。

这些包装应用了对称、均衡、统一、变化等形式美的规律，制成了极具民族风格、多彩多姿的包装容器，使包装不但具有容纳、保护产品的实用功能，还具有一定的审美价值。

编织而成的包装具有以下优点：编织材料廉价并且能够广泛使用；编织材料能够降解，对环境无害；在某些特定场合，尤其是为了迎合中等消费市场时，编织包装能够给人以传统的、质量优良的形象。

当然，编织包装也有一些缺点，诸如：防潮性较差，不能防止一些昆虫的进入或者微生物的滋生，因此编织包装不适合用于长时间的储存。

（2）包裹布的使用

提及包裹布的使用，我们一定会联想到影视剧中经常出现的场景。古代人习惯将物品用包裹布包起，随身携带。到了当代，包裹布的使用却很少见，它已被其他的包装形式所取代。

在日本，包裹布仍然是一种日常使用的包装形式，通过一块四方布匹的折叠、打结，衍化出许多既美观又实用的包装方式。在日本，包裹布被称为"风吕敷"。众所周知，日本是一个非常讲究礼仪的国家，无论是在影视作品中，还是亲身与日本人交往接触的过程中，我们都不难发现，在答谢或是问候亲朋好友的时候，日本人喜欢赠送一些礼品。而这些礼品根据场合的不同，或大或小，或轻或重，形态各异，但无论什么样的礼物，大多数情况下都具有精美的包装。而往往最普遍的包装用具就是"风吕敷"，细致严谨的日本人还根据包裹物品的不同形态，发明出不同的包装方法，使一块普通的四方布产生了许多不同的包装效果。

图6-11为一款基于包裹布的工具包设计。

图 6-11　修补工具包创意设计

设 计 阐 述：这个项目的设计是基于一个虚构的品牌，创建一个集合生存包，试图找到一个解决方案，促进可持续发展的做法。修补工具包背后的想法是，促进消耗更少，不要买更多的东西。这个工具包分为三个模块，整个套件包含所有必要的工具来修补日常的东西，以尽量减少浪费。

（3）一纸成形的包装

在产品包装中45%左右是用纸质材料，其包装形式主要以纸盒造型为主。纸盒包装的优点是轻便、有利于加工成形、运输携带方便、便于印刷装潢、成本低、容易回收。选用纸质材料，可充分发挥纸张良好的挺度与印刷适应性的优势，可通过多种印刷和加工手段再现设计的魅力，增加了产品的艺术性和附加值。

纸盒包装的基本成形流程是印刷、切割、折叠、结合成形。许多纸盒都是通过一张纸切割、折叠和非粘贴而成的，这种由一张纸成形的包装被称为一纸成形包装。

一纸成形的包装在我们的日常生活中可谓随处可见，市面上大部分商品的包装纸盒都是一纸成形的。当我们在面包房购买糕点时，店员将蛋糕从冰柜中取出，放置在一张已经裁剪好的纸上，接着，通过折叠将四面折起形成包围的盒子，再通过纸盒四面和顶部锁扣设计将盒子封口固定，这样，一个带有提手的盒子便完成了。当我们在快餐店购买外带食物时，店员也会将食品放入已经折叠好的纸盒中，只需盖上纸盒的两面，并且通过另外两面套锁固定便完成了整个包装。这样的纸盒也是一纸成形的。

一纸成形的包装通常为预先裁剪好并且刻有折痕，这样在使用时便能精确又方便地折叠成形。纸质的包装能够回收再利用，大大减少了材料成本。

① 弯曲变化　这是对面型改变其平面状态而进行弯曲的变化手法，弯曲幅度不能过大，从造型整体看，面的外形变化和弯曲变化是分不开的，同时面的变化又必定会引起边和角的变化。

② 延长变化　面的延长与折叠相结合，可以使纸盒出现多种形态结构变化，也是常用的表现方式之一。

③ 切割变化　面、边、角都可以进行切割变化，经过切割形成开洞、局部切割和折叠等变化。切割部分可以有形状、大小、位置、数量的变化。

④ 折叠变化　对面、边、角均可进行折叠变化。

⑤ 数量变化　面的数量变化是直接影响纸盒造型的因素，常用的纸盒一般是六面体，可以减少到四面体，也可以增加到八面、十二面体等。

⑥ 方向变化　纸盒的面与边除了水平、垂直方向外，可以作多种倾斜及扭动变化。

（4）赠品包装

当今市场的竞争日趋激烈，很多厂商为了占据市场，运用了许多促销手段，例如买一送一，以买一件大包装的商品送一件小包装商品或者礼品的方式来吸引消费者，使之产生购买欲望。这种促销形式在超市、商场比比皆是，虽然这种促销形式能够促进销售，但商品包装随之也增加了一倍，成本也随之提高了许多。因此从降低包装成本、节约材料的角度，可以对包装结构进行适当的改进。

将两个以上独立的个体包装设计成具有共享面的连体包装，将商品包装同赠品包装的独立结构连接起来设计成连体的单个包装，可以节约两个面的材料。这一方法尤其适用于纸制包装。

6.3 包装废弃物的回收再利用

将包装用后即弃是不道德的，同样，不可回收的包装设计也是不道德的。可回收的包装设计，就是运用可持续标准的设计，在试图确定新的可持续包装设计战略框架时，需要先评估所涉及的所有变量，并确定它们是如何对整体的设计框架作出定义的，这非常重要。

6.3.1 再生纸箱

纸箱、纸袋、纸桶、纸浆模型制品成为现代包装的重要组成部分。纸包装容器由于具有重量轻、易加工、成本低、废弃物易回收处理等性能，广泛运用于运输包装和系统包装中。1980年全国包装纸及纸板的消费量为314万吨，1990年为700万吨，1994年为1474万吨，至2001年达18000万吨，每年有如此大量的纸和纸板用于包装，且呈递增趋势，与此同时也产生了越来越多的纸包装废弃物。根据LeA技术分析，如何利用这些废弃物，无论是对于资源还是对于环境都具有非常重要的意义。

一般的纸浆制造过程需消耗大量的能源、化学品、水以及生产设备，更严重的是会造成环境污染，而治理污染则需要很大的投资经费。运用LeA技术对其进行分析，这个过程成本太高、污染太大，需要改进。LeA技术里绿色包装设计的使用主要包括回收、再循环、废弃物处理等方面。纸包装废弃物回收利用具有以下几个意义。

① 可以减少天然纤维原材料资源消耗，解决包装资源短缺的问题。同时，可以节约大量的包装原材料和能源。

② 可以促进社会节约，大大降低生产成本，取得较大的社会效益和经济效益。

③ 是减少包装污染、保护环境的重要措施之一，因为包装生产过程中产生的废弃物往往会污染环境，造成社会公害。

纸包装废弃物的综合利用是防止环境污染的基本原则和重要措施，也是解决包装污染问题最积极、最有效的方法。包装废弃物的回收利用，既起到保护环境、防止公害的作用，又能解决包装资源短缺的问题，因此应积极开展纸包装废弃物的回收利用，寻求更好的改善环境的途径。图6-12为一款手提鞋盒的环保包装设计。

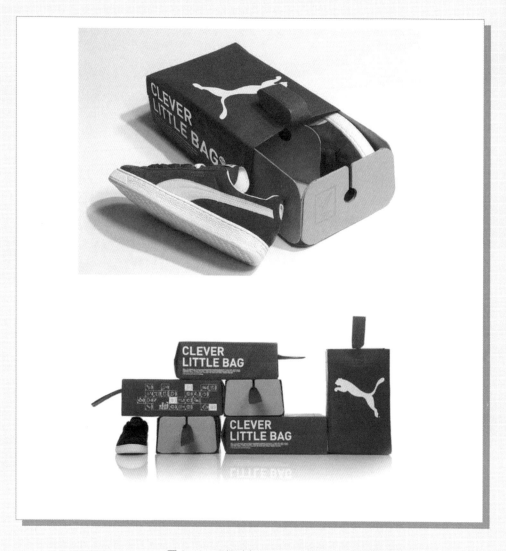

图 6-12　环保时尚 Puma 手提鞋盒

设 计 阐 述：它的内部硬纸板盒使用100% 再生纸制成，这样相比传统的鞋盒，每年能节省超过 65% 的纸张与 60% 的水、能源与燃料消耗，而且值得注意的是，提袋成为了包装盒的一部分（成为了纸盒的上盖），这样既节省纸张，销售之后也不需要另外给顾客提供袋子，而且手提袋还能反复使用，当作购物袋也很有品，真是个环保的好创意。

6.3.2　食品容器回收堆肥

开发、生产和销售一系列的可堆肥的食品包装，这将使市场能容纳更多的处理器，以此来实现包装更环保的转变。

堆肥是指利用多种微生物的作用，使植物有机残体矿质化、腐殖化和无害化，使各种复杂的有机态的养分转化为可溶性养分和腐殖质。制作堆肥的材料包括不易分解的物质，如各种作物秸秆、落叶、蔬菜垃圾等；还包括促进分解的物质，一般为含氮较多和富含高温纤维分解细菌的物质，如草木灰、石灰；也包括吸收性强的物质，如在堆积过程中加入少量泥炭、过磷酸钙或磷矿粉，它们可防止和减少氨的挥发，提高堆肥的肥效。

　　可堆肥的食品包装一般指以植物为原料而制作成包装材料的包装，如有机作物材料以及生物塑料包装。英国零售商Sainsbury's推出的有机生菜沙拉，采用了艾玛克(Amcor)公司的Nature Plus可堆肥薄膜包装。Sainsbury's的包装部经理Stuart Lendrum曾说"食品包装对于客户来说是非常重要的，它可以影响消费者的购买决策。艾玛克公司的Nature Plus可堆肥薄膜可以帮助我们满足客户的需要，并实现我们的可持续性目标，同时不损害保存期限和密封性能的要求。"

　　Amcor公司的新型薄膜具有耐水性，能够在潮湿的环境中使用。同时，通过对密封性能的改善，Nature Plus可堆肥薄膜也有助于减少食物浪费。

　　堆肥是包装在不可再回收利用的情况下，对包装的最终处理，是一个包装在"物尽其用"后可持续性的终结，以肥料的形式回归自然。图6-13为一款可堆肥食品包装塑料薄膜。

图 6-13　可堆肥食品包装塑料薄膜

6.3.3 再生降解塑料袋制品

可降解塑料袋一般就是指生物塑料袋。全球生物塑料包装的消费量在2010年达到125000吨，而市场价值为4.54亿美元。

要提倡用生物塑料来改革塑料包装。生物塑料利用的是可再生资源，且具有可再生性，这种环保特性使其很快成为石油塑料的替代品。生物塑料的资源来源十分丰富，全球60亿人所需的农作物产生了大量的副产品，这为生物塑料的发展提供了巨大的潜力。

以玉米为原材料的聚乳酸，有非常多的用途(从坚固的包装到薄薄的胶片)，它可以被有效地处理，并且在几个月里完成降解。另一种生物材料——胚，是由玉米淀粉构成的，同样可以用于各种强度的包装，同时由于这种材料溶于水，因此它不仅能降解，而且可以用水溶解。

但生物包装和石油包装一样，在回收中也会存在这样一个问题，就是可能会被其他接触到的材料所污染，如塑料、纸板、金属线和结合剂等。由于设计师很少考虑到这些，导致很多塑料都不能被回收，同时塑料隔离的花费又太高。塑料废品回收机构应该向设计师提供包装设计过程中所需要的回收信息，从而使回收机构能够有效地收集，并提高成功率。在塑料包装的设计上，还可以标记上适当的符号，让想要回收利用的人知道如何去做，使得塑料能够被较容易地分离。

生物塑料还存在一些其他问题：如价格问题，现阶段生物塑料的价格比普通塑料要高两三倍，这阻碍了此类材料的迅速普及，不过，一旦生物塑料进入批量生产阶段，成本可大大下降;另外还有全球变暖问题，因为生产生物塑料会产生二氧化碳，导致全球变暖;同时，生物塑料所采用的原材料是农作物，为促进发酵，生产商采用的往往是转基因生物，而目前对转基因材料的安全性还存在疑虑，并且回收利用这种塑料也存在一些缺陷;最后，虽然消费者对生物塑料的使用意识日益增加，但多数消费者还不懂得如何辨别这些材料，对生物降解材料的最佳处置办法也了解甚少，因此加强宣传很重要。

6.4 可持续包装设计案例

6.4.1 纸筒包装灯具设计

荷兰设计二人组Waarmakers设计了一款名为"R16"的管状LED灯具，

如图6-14所示，灯具外壳同时也起到了外包装的作用，因此可以减少废弃物的数量。

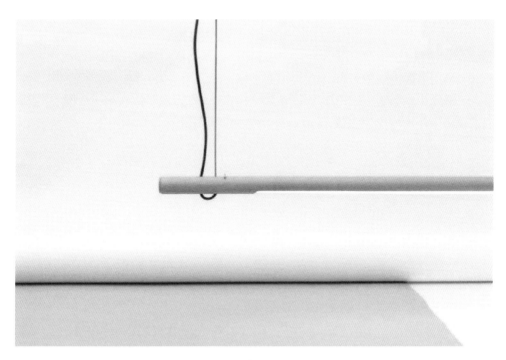

图6-14"R16"管状LED灯具

　　该设计灵感来自于他们在设计作品"Ninebyfour"灯具（一款采用阿姆斯特丹市中心的榆木材料制作的灯具）时，Waarmakers突然发现自己淹没在了大大小小不同尺寸的LED硬纸筒包装中。他们觉得直接扔掉这些硬纸筒实在是太过可惜，同时也意识到，如果使用得当，硬纸筒将会是一种很有吸引力的材料。

　　为解决这一浪费问题，两位设计师开始思考硬纸板材料再利用或者说改变用途的方式。从设计的观点看，由于LED光源发热很少，LED光源灯具固定装置的材料选择非常广泛。经过充分思考，设计师最终选择了包装材料本身——硬纸筒作为灯具固定装置。"R16"灯具将可持续性作为设计关注的核心，力图将使用材料的数量降至最少。例如，产品不提供固定光源的零件，而是让使用者自行加入自己的铅笔或硬币进行固定，如图6-15所示。

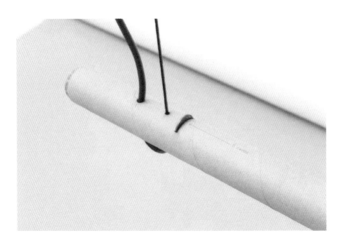

图6-15 供使用者自行插入硬币的凹槽

设计中使用的硬纸筒预先经过激光切割，初期起到包装材料的作用，随后仅需简单几步，便可转化为外形高雅的灯具组件。硬纸筒中包含所有必需的组件，运输时仅需在外层包裹一层牛皮纸即可，如图6-16所示。

图6-16 灯具运输时仅需在外层包裹一层牛皮纸即可

6.4.2 沙子包装

Alien and Monkey工作室使用颗粒物质作为中介来铸造包装盒子，这个盒子可以封存和保护一些赠送的礼品，打破了传统的包装和打开礼物的方式，如图6-17所示。可持续设计旨在重新建立人们对发现的认识，也提供一个可持续的方式，通过运用丰富的自然资源，把我们珍贵的东西装在一起。

（a）打破了传统的包装和打开礼物的方式

（b）矩形形状里装上沙子以保护内部物品

（c）小木塞用来保证礼品装置在原处

图6-17　使用颗粒物质作为中介铸造的包装盒子

第 7 章

包装设计
——印刷工艺

7.1 常用印刷工艺

7.1.1 丝网印刷

丝网印刷又称"绢印"，是将丝织物、合成纤维织物或金属丝网绷在网框上，采用手工刻漆膜或光化学制版的方法制作丝网印版，这种印刷方式必须使用基板、不透明油墨滚筒或通过一个钢质的聚酯丝网刮刀，属于孔版印刷，它与平印、凸印、凹印一起被称为四大印刷方法。

用于丝网印刷的承印物种类繁多，包括了纸、纸板、塑料、玻璃、金属、布料和许多其他材料。丝网印刷对于无法通过平版印刷来实现的曲面特别有用。

如图 7-1 所示为一款丝网印刷的酒瓶设计。

图 7-1　Quaffing Gravy 手写字体瓶身装饰设计

设计阐述：Quaffing Gravy 推出的手写字体排版的瓶身设计包装方案。设计师创作了一个干净、活跃的字体来装饰酒瓶瓶身，根据瓶身的长度增加了丝网印刷设计图纸的精密度。

7.1.2 激光蚀刻

激光蚀刻是一个精密的印刷技术，常用在品牌标签或者品牌基板上。通常会用电脑在一些表面操作制造激光效果，比如在玻璃、金属、木头和塑料上进行刻制。激光蚀刻在技术上的另一个优点是可以高容量、快速地处理材料。

7.1.3 平版印刷

平版印刷是包装设计程序中主要采取的印刷方式。此"平印术"的过程，指的是印版印纹与非印纹区域在同一平面（在凹版印刷中，印纹是凹入的，而凸版印刷印纹则是凸起的）。平版印刷是根据水与油墨互相排斥的原理。光化作用的过程是让油墨附着在印纹的部分，非印纹的部分则会排水。油墨部分被"转印"到一块橡胶版上之后，再印制到印刷表面，印刷表面不会与印版直接接触。橡胶版所具有的弹性力，则促使印刷可以印制在各式各样的表面上。如图7-2所示。

一般而言，平版印刷都是以纸版为主（单张纸或基板），但现在可以在连续的卷筒纸上做网状印刷，有些印刷甚至可以同时印刷两面。高速网版印刷通常都使用在报纸、书籍与广告邮件等大量印刷品上。平版印刷的高品质图像适用于大量与少量的印刷作业。

打样与印刷程序的技术进步，平版印刷可直接通过"电脑制版"的电脑软件印刷、消除胶膜及加工。直接制版的印刷方式不但可以节省时间和金钱，同时可以减少制版有害化学物质的使用，以增加对环境的保护。

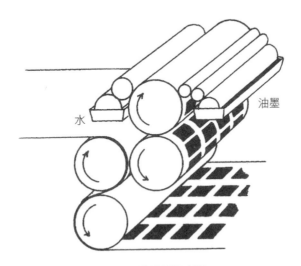

水　　　　　　　　　　　　　　　油墨

图 7-2　平版印刷示意图

7.1.4　柔版印刷

柔版印刷应用于各式各样的包装材料上，通常瓦楞纸箱、折叠纸盒、纸张与塑料袋、牛奶盒、塑胶容器、标签、标牌与锡箔都以此方法印刷。其印刷原理类似凸版印刷，弹性橡胶或塑胶印版的文字或图像印纹部分高于非印纹部分，油墨附着于高起图文部分，印版通过转动的滚轴将图像转印到包装基板上。柔版印刷曾被视为低品质的印刷过程，然而由于科技的发展，柔版的使用率逐渐可与平版印刷及凹版印刷并驾齐驱。

柔版印刷的其中一项优点就是可以少量生产。商品公司对于市场的高度关注，以至于包装已成为广告宣传策略的关键，尤其是作为目标客户区分的手段。过去的商品公司往往都会在锁定一张图像广告后，再应用于全体公司。而现今的商品公司要为不同目标的区域用户做出不同的广告，因此订单逐年变少，但却符合了柔版印刷少量生产的特点。

金属罐及塑胶杯、桶子与管子普遍都使用干柔版或柔版印刷的方式。干柔版能以高速的多色印刷，印制大尺寸的印刷品。此程序与正常的转印方式不同，主要是因为使用方式除了使用特殊油墨，同时制作过程不含任何水分。无水的制作过程，则需运用到高阶的冷却器材与特殊印版。

7.1.5　胶版印刷

现代包装印刷中，胶版印刷之所以得到广泛的应用，是由于胶版印刷套印精确，网点还原性好，色彩丰富、层次分明、立体感强，可以充分表现出产品的特点和风貌，使消费者从产品的包装上，能够得到被包装物的各种信息，起到了宣传产品、美化产品，便于人们了解产品、选择产品的作用。胶版印刷制版速度快，生产周期短，生产成本低。包装印刷一般都采用单张纸胶版印刷设备，在一定的范围内，它不受产品品种、规格的限制。在目前包装印刷产品多品种、小批量、印刷周期短的状况下，更具有竞争优势。

7.1.6　凸版印刷

凸版印刷是最古老的印刷形式，其印刷原理是使金属印版上的文字或图案印纹部分高于非印纹部分，油墨附着于高起的图文部分，之后直接转印在基板上。

如图7-3所示，印刷机的给墨装置先使油墨分配均匀，然后通过墨辊将油墨转移到印版上。凸版上的图文部分远高于非图文部分，因此，油墨只能转移到印版的图文部分，而非图文部分则没有油墨。给纸机构将纸输送到印刷部件，在印刷压力作用下，印版图文部分的油墨转移到承印物上，从而完成一次印刷品的印刷。凸版印刷品的特点：线条或网点边缘部分整齐，并且油墨在中心部分显得浅淡，凸起的印纹边缘受压较重，因而有轻微的印痕凸起。墨色较浓厚（墨层厚度约为7μm）。可印刷较粗糙的承印物，色调再现性一般。凸版印刷通常使用于信纸、贺卡、邀请卡、书籍特刊与其他特殊设计。

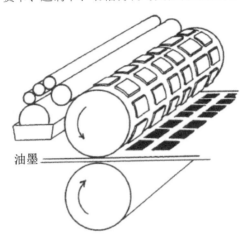

图 7-3 凸版印刷示意图

7.1.7 凹版印刷

凹版印刷的程序刚好与凸版印刷相反，主要差异在印纹凹槽是嵌入滚轮中，通过凹槽所携带的油墨印制在纸张的表面上，如图7-4所示。当纸张压过凹版滚轮与压力滚轮时，上千个大小不同与深度不同的凹槽单位决定了油墨的使用量。制版成本、安装或前置作业时间等因素，使凹版印刷成为最昂贵的印刷过程。转轮印刷式制作过程大致也是如此，唯一差别在于其印刷是以大型的卷纸类型为主。凹版印刷过程提供多色印刷设计持续性的高品质印刷，一般都使用于高速大量生产。诉求高品质的包装设计、艺术书籍及杂志等，都必须通过凹版印刷。

凹版印刷可利用收缩膜创造出高品质的图像效果，如雕刻或雾面玻璃等效果。这些或其他在收缩膜标签上的效果，除了可以节省时间，也可以是取代玻璃包装的低成本选择。

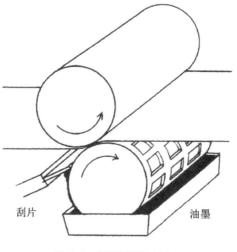

图 7-4 凹版印刷示意图

刮片   油墨

7.1.8 数字印刷

数字印刷是利用印前系统将图文信息直接通过网络传输到数字印刷机上的一种新型印刷技术。数字印刷系统主要是由印前系统和数字印刷机组成。有些系统还配上装订和裁切设备。它的工作原理是操作者将原稿（图文数字信息）或数字媒体的数字信息或从网络系统上接收的网络数字文件输出到计算机，在计算机上进行创意，修改、编排成为客户满意的数字化信息，经RIP处理，成为相应的单色像素数字信号传至激光控制器，发射出相应的激光束，对印刷滚筒进行扫描。由感光材料制成的印刷滚筒（无印版）经感光后形成可以吸附油墨或墨粉的图文然后转印到纸张等承印物上。

数字化模式的印刷过程，也需要经过原稿的分析与设计、图文信息的处理、印刷、印后加工等过程，只是减少了制版过程。因为在数字化印刷模式中，输入的是图文信息数字流，而输出的也是图文信息数字流。相对于传统印刷模式的DTP系统来说，只是输出的方式不一样，传统的印刷是将图文信息输出记录到软片上，而数字化印刷模式中，则将数字化的图文信息直接记录到承印材料上。

数字技术对印刷起到了双重的影响作用：

首先，数字技术使网络成为生活必需品，手机、电脑等结合数字技术的产品，成为按需印刷的内容来源和载体，也使印前编辑等工作实现了数字化操作。

其次，就印刷设计而言，数字技术带来了新的印刷方式，区别与传统印刷的大批量、长周期，数字印刷设备更能适应按需印刷需求，CTP、数码印刷机、数码打印机都使印刷变得简单。而随着技术的发展和按需印刷市场的持续扩大，惠普、富士施乐、柯达、方正等国内外印刷设备生产商都开始加大对按需印刷设备的开发和推广。

相较于大批量、高速度、低成本的传统印刷，目前批量生产成本高、速度慢的按需印刷大多适用于个人、企业的宣传刊物等印刷，一般每份印刷成品的使用范围、受众都远低于传统印刷。

7.2　特殊印刷工艺

7.2.1　烫印

烫印是指通过加热与压力的过程，将塑胶膜或箔膜的图像转印在纸板或塑胶上。图像是经由加热的印轮将箔膜烫印到纸板或塑胶基材上，因而变成积层板。字体、商标及其他图像往往都是应用烫印处理的方法。

7.2.2　特种墨水和清漆

特种油墨和清漆会给包装带来耐人寻味的外部效果，十分吸引眼球。设计者应该知道，每增加一种颜色或油漆都需要一个单独的板块，这些都会增加制作成本。实际设计中要知道有各种特殊油墨和清漆可供选择。

（1）机械密封内联

这是一种几乎看不见的、应用到印刷品表面的涂层。它在不影响工作外观的前提下可以保护层下的墨水。涂层反射光线，使色彩显得更加丰富、生动。

（2）亚光漆

这使印刷品表面具有亚光效果，可以软化印刷图像的外观。

（3）丝绸/缎面漆

这种涂层技术介于密封内联和亚光漆之间。它不是那么有光泽也并不涩哑。

（4）UV清漆

这种奢侈的非紫外线清漆需要使用特殊的紫外线烘干机来制作。它可以使清漆呈现更丰富与奢华的效果。UV光油可用作整体的涂料，也可以用作局部涂料。

① 整体UV清漆　UV光油中最常见的类型，完工后会有十分光泽的效果。

② 局部UV清漆　适用于独立印刷区域中，一个高光亮点可以吸引读者注意到重要的设计及纹样。

如图7-5所示为一款小批量印刷的酒类包装设计。

图7-5　Stranger & Stranger 品牌圣诞节苦艾酒限量版包装设计

设计阐述：Stranger & Stranger品牌圣诞节苦艾酒限量版包装设计，每一年Stranger & Stranger品牌都会推出惊喜，限量版定制设计的一瓶白酒，作为12届圣诞礼物，复活苦艾酒的辉煌岁月，单批定制只有250瓶，采用一些老式打印机，采取冲压油墨和压花纯棉纤维纸的工艺。

7.2.3　浮雕压印

浮雕压印指的是通过字母模压印的过程，在纸板或其他包装材料上创造浮雕或是凸起的图像。经压力与加热的处理过程，重塑纸张表面以创造图像。浮雕压印可依据印制材料的不同而选择模具材料。浮雕压印的不同类型（包含了单一、多层次与斜面样式）结合油墨、图像或箔纸，则可以创造出不同的特殊效果。打凹效果也有相同的处理过程，差别在于模具是从正面压下去。在玻璃或塑胶材质上做浮雕压印，是模制过程中的重要部分。

图7-6所示为一款运用浮雕压印的包装设计。

设计阐述：炼金术被定义为化学和投机哲学在中世纪和文艺复兴时期实行的一种形式，主要关注金属转变为金子，发现一个普遍的溶剂和长生不老药的方法。黑色和金色的浮雕刻字细麻布纸给每个套件一种豪华的感觉，同时保持包装设计的现代感和简约优雅。

图7-6　Alchimia 炼金术品牌简约优雅包装设计

7.2.4　上光与涂布层

上光与涂布层主要是通过光亮、无光与雾面的加工来创造视觉效果。上光处理可封盖油墨并保护印刷基材表面的损害。局部上光是指在照片或其他图像的特定区域上光，以呈现亮光与无光表面的视觉对比。局部上光的效果可凸显图像，应用于单色设计时可制造出特殊效果。上光所覆盖油墨的弹性涂布层可预防油墨晕染的风险，另外也可使用于任何不同重量的基材。

包装设计的水性涂布层又是另一种保护油墨的方法。水性涂布层有分雾面、无光、缎面与光亮等表面加工，这些水溶性表层都可使用于重量大的纸张或基板。紫外线涂布层也提供相同的防护与质感。通过紫外线的照射，其表层可以迅速的干燥，因此加快了印刷的时间并提供最好但也是最贵的防护效果。

7.2.5 塑料的模内贴标

感压式与胶合式标签、收缩套盒标签、箔膜热转印与贴花等，都是常见的贴标与模制塑胶容器（玻璃瓶）射出成形的装饰方法。此过程一般都发生于容器生成后（后成形）。

IML是搭配射出机使用，将标签置于模具内，经塑胶树脂的挤压或射出，使标签与塑料一体成形的预先装饰过程。标签是通过真空通道或静电力吸附于模具上。该标签成为结构不可分割的一部分，虽然标签看似在表面，却是融入塑胶容器的壁面中。一般的吹模成形中，标签所使用的印制材质都是与容器成分相同（聚酯纤维，不同种类的聚乙烯与聚丙烯），除了以UV（紫外线）或EB（电子束）等固化涂料保护表面之外，更为了吹模成形而在背面上一层热封黏着剂。

科技的进步提供了一次完成的贴标程序，也就是直接将标签放入产品结构中，如图7-7所示为一些塑料包装盒的模内贴标。像是摄影或插图的图像都不再是另外贴在包装结构上的标签，而是成为嵌入式的标签。这使标签不但是结构的一部分，同时也有装饰的价值，减轻15%的材料重量，并增加包装壁面的结构。

图7-7 塑料包装盒的模内贴标

7.2.6 玻璃专用的应用陶瓷贴标

ACL是另一种"无标签"的制作方法，混合陶瓷粉末与热塑性塑胶的化学物质（油墨加热过程），通过网版印刷印制在玻璃容器上。此油墨含玻璃（也可能含重金属，如铅、镉与铬），经输送带传送至烤炉加热后，以高温烧制在瓶身上。

由于新的紫外线油墨与磁漆喷雾的发展，使贴标处理不需使用到高温制作，同时也具有许多其他优势（成分不含重金属、色彩更明亮的有机颜料、以低温的紫外线光固化），所有的一切都是为了要加强环境保护。这些油墨可应用于生产图案与其他绘图元素，也可以用来覆盖整个瓶子以创造取代蚀刻的雾面效果，该应用方式称为"冷彩装饰"。

ACL的图像制造最多可使用到三种色彩，也能以360度围绕于表面上。图像与瓶子表面熔合后，会微微凸起并附带一点浮雕的效果。它们除了防刮损，同时也具有抗酒精与抗油性，可作为美妆容器使用，其持久且防水的特性则适合于玻璃瓶饮料的运用。如图7-8所示。

图7-8　Boylan 汽水瓶设计

设计阐述：这些使用ACL印制的怀旧汽水瓶，创造出经典复古的外观。

7.2.7　玻璃腐蚀

玻璃腐蚀指的是使玻璃"结霜"的过程。腐蚀是利用氢氟酸应用于玻璃表面溶解玻璃表层。腐蚀所创造的光滑雾面效果类似于玻璃喷砂效果。图像与其他元素也可通过蜡的使用而绘制于玻璃上面。首先将蜡覆盖于玻璃表面，利用刮除或涂鸦的方式制图，刮除蜡的图像便是模板，被刮除的部分则会被腐蚀。腐蚀性强酸的先天危险性，也促进新工艺的开发来改善危险的工作环境，并解决环境问题。

第 8 章

包装设计
——构成要素

8.1 色彩设计

　　色彩、图案、文字是包装设计的基本三要素。我们平时所见到的包装设计，虽然是由插图、文字、色彩等要素组成，但是通常人们在观看产品包装的瞬间，最先感受到的是色彩效果。商品包装的色彩以及做广告采用的色彩都会直接影响消费者的情感，进而影响他们的消费行为。可口可乐公司曾做过实验：在电影放映过程中以每35秒1次的速度频闪它特有的红白相间的品牌,结果购买这种饮料的观众就增加了60%。

　　包装的形式处理应当与同类产品设计做出明显的区别。作为产品的推销手段，必须注意设计的竞争性而求新求变。人们的审美口味往往随着时间的变迁而有所变化，时尚色彩引领社会消费文化潮流，很多消费者为追求潮流选择商品，包装设计者在进行设计时应把握时尚色彩潮流，采用当前流行色系并应用于设计中，吸引消费者的眼球。因此，色彩是影响视觉最活跃的因素，图案和文字都有赖于色彩来表现，因此色彩是影响包装设计成功与否的重要因素。

　　色彩是客观世界实实在在的东西，本身并没有什么感情成分。在长期的生产和生活实践中，色彩被赋予了感情，成为代表某种事物和思想情绪的象征。色彩也是一种既浪漫又复杂的语言，比其他任何符号或形象更能直接地通透人们的心灵深处，并影响人类的精神反应。根据心理学家研究，不同的色彩能唤起人们不同的情感，每一个色彩都有其所独具的个性，具有多方面的影响力。色彩是多种多样的，除了光谱中所表现的红、橙、黄、绿、青、蓝、紫，还有很多中间色，能用肉眼辨别的还有大约180多种。各种色彩给人的感觉更是多种多样，如白色可表达神圣、纯洁、素静、稚嫩；黑色可表达神秘、稳重、悲哀、死亡；红色可表达热烈、喜庆、温暖、热情；蓝色可表达广阔、清新、冷静、宁静、静寂等。大自然中的万事万物都离不开色彩，人类生活中的一切更与色彩有着密切的关联，如图8-1所示。

　　色彩作为商品包装的一大元素，是产品最重要的外部特征，在商品信息传达中有着不可替代性。在包装设计过程中，画面上不一定色彩越多越美，不要随意堆砌罗列，给人以杂乱的感觉。在色彩运用中必须敢于取舍，将色彩提炼，把色彩处理得艳而不俗。

　　离开商品自然属性的包装设计，就会违反消费者心理。色彩处理要符合人的生活习惯和欣赏习惯，才能提高色彩的表现力。

　　不同种类的商品包装，就必须要用不同倾向的色彩。例如，化妆品类的包装用柔和的中间色彩，如桃红、粉红、淡玫瑰色表示柔媚与高贵，男士的护肤品用黑色表示其庄重；在医药类包装中，用单纯的绿、蓝、灰等表示宁静、消炎、止痛等，用红、黄等暖色表示滋补、营养、兴奋；作为商品的汽车根据功能的不同所选择的颜色也有很大区别，救护车采用白色能给患者带来一种安适、冷静的感觉；消防车采用红色能给救火者带来振奋、紧急的感觉；邮政车采用绿色能给邮递人员带来快捷、高效的感觉。

图 8-1　Feel Better 概念药品色彩疗效包装

设计阐述：设计师试图通过改变药品的包装颜色来刺激人们的视觉神经，从而在某种程度上提高病人的免疫系统启动程序，达到快速治疗疾患的目的。

即使是同一种产品，在不同时间段所选择的色彩也是不同的，例如室内用品，在冬季用红、黄等暖色会给人以温暖之感，夏季用蓝、绿、白等冷色给人以清凉之感。

同时，色彩在各地区、各民族间也存在着很大的差异，产品的包装就应当根据当地的喜好来设计。中国汉族忌白色喜红色，黄色被视为富贵色，但在埃塞俄比亚黄色是在哀悼死者的时候使用，象征死亡；巴西人认为紫色为悲伤，暗茶色为不祥之兆，对此极为反感；瑞士以黑色为丧服色，而喜欢红、灰、蓝和绿色；蓝色在埃及往往是被用来形容恶魔的色彩等。

因此，产品包装应当根据销售对象以及当地的喜好，选择合适的色彩包装，以适应不同地方的消费者。

包装是为产品而设计的，消费者在购物时，往往会通过包装设计的外表形象去推测其内装产品的质量。在商业竞争中，包装已成为促销不可替代的媒介，它直接影响消费者的购买欲。通过包装这一载体来传达产品的内涵，消费者被包装所吸引因而对产品产生兴趣。在包装设计的基本要素中，色彩发挥着至关重要的作用。

（1）引人注意

色彩能起到吸引人注意的作用。色彩能吸引人的视线，让人产生继续观看的兴趣，实验表明，色彩在包装设计中更具有吸引力和视觉冲击力。图8-2为一款多色彩设计的面包包装。

图 8-2　新西兰无麸质 Bürgen 面包包装

设计阐述：这是 Shout Design 设计工作室接受客户委托为新西兰一款主流无麸质面包产品 Bürgen 创作的包装设计外观，希望借此为委顿的市场注入一股活力。该面包产品包装设计已经打破了新西兰此类产品的设计规范，创建一个令人兴奋充满活力和独特新包装方案。

（2）反映商品特性

色彩能够更加真实地反映商品的特性。色彩能把商品的相关信息真切自然的表现出来，以增强消费者对产品的信任和了解，使人们能够更加直观的认识和了解商品。

（3）暗示商品质量

色彩能起到暗示商品质量的作用。包装运用独特的色彩语言，借以表达商品的种类、特性、品质，便于消费者购买。

（4）突出主题

色彩能够突出包装设计的主题。包装中色彩设计的情调，能使消费者受到某种特定情绪的感染，直接领悟包装所要传达的宗旨，引起消费者的共鸣，使消费者对产品产生好感。如图8-3所示为一个专辑封面的色彩设计。

图 8-3　意大利歌手 Cesare Cremonini 新专辑封面独特色彩设计

设 计 阐 述：意大利歌手Cesare Cremonini第四张新专辑封面独特色彩设计，代表着旺盛，充满快乐幻想的形状和颜色，以及中央特色封装格式。它具有更广泛的运动元素，包括EP的封面，网站以及推销产品。

（5）赏心悦目

色彩具有悦目的视觉效果。良好的色彩设计不仅能够有效地传达商品的信息，而且还具有一定的审美功能，能引起消费者的观赏兴致，给消费者以赏心悦目的审美享受和熏陶。如图8-4所示为一款乳品的特色包装设计。

图 8-4

图 8-4　乳品 Udairy 设计的形象包装

设 计 阐 述：这是为特拉华大学植物园销售的乳品 Udairy 设计的形象包装。每个月的口味都根据植物园季节性花卉的开放不同而有所改变，冰激凌的纸箱纹理都是使用相应花卉图案进行装饰的。

（6）加强记忆

色彩能起到加强记忆的作用。包装就是运用色彩的反复传递同样的信息，使消费者对产品留下深刻的记忆。图 8-5 所示为一款果汁的独特包装。

图 8-5　黑色饱和度 Cheribundi 果汁饮料独特的包装

设 计 阐 述：Cheribundi 是款要明确自身定位形象的饮料品牌，小黑瓶的色彩饱和度标明了它并非持久性有机污染物 设计师的樱桃点缀 logo 更让整个包装看上去更新鲜有趣。由 IDA_Boulder 设计的这款饮料包装具有很强的吸引力。

8.1.1　包装色彩设计特点

8.1.1.1　传达性

视觉传达性是指产品包装的色彩设计能更有效、更准确地传达商品的信息。色彩不仅具有强烈的视觉冲击力和较强的捕捉产品视线的能力，也能使消费者在阅读商品信息时更容易、更快捷。设计师在进行产品包装的色彩设计时，必须根据企业品牌的识别色系，结合市场调查和分析定位，运用色彩的对比和调和使包装设计可视、醒目、易读，与同类商品相比，具有鲜明的个性特征和良好的识别性。

在产品包装设计中，色彩的易见度和醒目度直接影响着产品信息的传达。色彩在视觉中容易辨认的程度称为色彩易见度。易见度受明度影响最大，其次是色相和纯度，人们习惯于白底黑字，就是因为黑、白两色的明度级差大，但同时可能有这样的经验，在白纸上用黄颜色的彩笔写字画画，会觉得眼睛识别困难，很累，这是什么原因呢？原因就是白色与黄色的明度差太小，其色彩易见度低，所以难以辨认。易见度还与色彩占有面积有关，面积大、明度高，色彩易见度就好。

色彩醒目度是色彩容易引起视觉冲击的程度。醒目度高的色彩易见度不一定好，如鲜艳的红色与绿色搭配非常刺眼，醒目度高，但易见度差，这是因为两色之间的明度差太小。醒目度高的色彩受色相与纯度的影响较大，暖色有前进感和膨胀感，容易引起视觉注意，较为醒目；冷色有后退感和收缩感，不容易引起视觉注意。喜庆商品的包装设计常常采用暖色系列的色彩搭配，除了具有喜庆感，同时也考虑到它的醒目程度，能更加吸引消费者。

在产品包装中需要突出的内容或信息，色彩设计时宜选择易见度高、醒目的色彩，如包装上的商品名称，一般都选用对比较强或明度较高的色彩，以突出主题，如图8-6所示的凯歌香槟"邮品"系列包装。

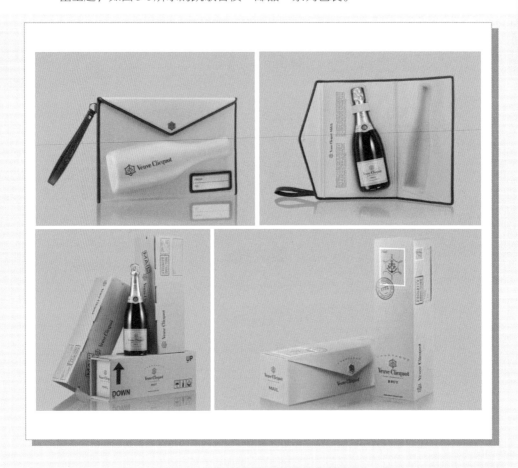

图8-6　凯歌香槟"邮品"系列包装

设计阐述：该系列包装参照经典的信封手提包设计，醒目的橙黄色为主色调，大面积的使用让该包装能够在第一时间抓住人的视线。包装的边缘是棕色的，还有一条棕色的腕带，让整体包装色调变得丰富、有层次起来，腕带的设计让用户可以很容易地把它带在身边了。

8.1.1.2 系统性

    包装的色彩设计是一个完整系统计划。色彩与色彩之间、色彩与图形之间、色彩与文字之间、材质之间、局部与整体之间，以及系列包装之间的相互呼应、相互影响，直接影响包装色彩的整体效果，产品包装设计各个要素的和谐统一和良好的整体视觉效果是吸引消费者的法宝。产品包装的色彩计划和企业形象系统设计应相互对应，和企业的标准色、象征色保持一致风格。如图8-7所示为一款多色彩巧克力包装设计。

图 8-7　Compartes 巧克力包装设计

    设 计 阐 述：来自美国洛杉矶的手工巧克力品牌 Compartes 就是将美食与艺术结合的典范。他们推出的"世界系列"巧克力，采用了极富特色的插画代表世界各地的美景，让人跟着巧克力开始环球之旅。

8.1.1.3 时尚性

时尚性是指在一定的社会范围内、一段时间内、在共同的心理驱使下，在群众中广泛流传的带有倾向性的流行趋势，包括流行色，流行商品，流行的词语，流行的思想、理念，流行的生活行为，当前的世界几乎已经成为流行的世界。

在时尚型消费中，青年人很容易受流行的驱使，追求新的变化和流行，其中色彩最为明显，多数人嗜好的、追捧的颜色成为流行色，包装的色彩设计的时尚性也因大多数消费者偏向选择流行色感强烈的颜色，而把时尚的重心放在了流行色上，所以在产品包装设计中，色彩的运用应恰当地考虑市场流行色对设计的影响，时刻注意流行色的趋势，走在时代的前沿，引领新的时尚，但时尚的主要要素还有包装的款式、造型等。

如图8-8所示，为一款时尚的糖果包装设计。

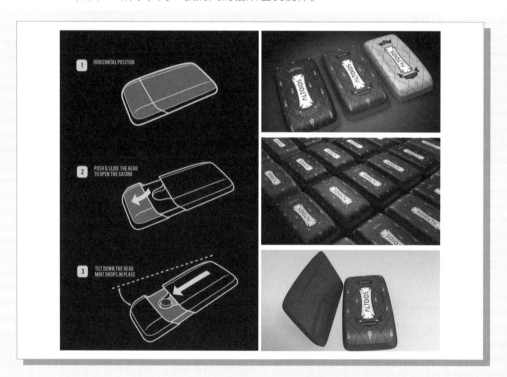

图 8-8 ALTOIDS 糖果盒的包装设计

设计阐述：用了红色和黑色作为主色调，并在设计中也以红黑两个颜色相搭配，使该产品展现出一种野性的感觉。而这样的色调搭配使产品可以很快突破重围进入顾客的眼中。这种比较帅气的颜色，让产品成为引领糖果类产品包装的时尚潮流。

8.1.2　包装色彩设计原则

8.1.2.1　色彩的应用要体现包装的功能

色彩能最早、最快地触动人的反应，直接刺激消费者的购买欲望。现代商业活动与包装设计中，存在着大量的心理功能性因素。正由于如此，现代包装的色彩设计，就是要多层次地利用色彩视觉心理因素，营造所需要的功能性效果传达商品特有的信息。

包装设计是在有限画面内进行，这是空间上的局限性。同时，包装在销售中又要求在短暂的时间内让购买者注意，这是时间上的局限性。这种时空限制要求现代包装设计不能盲目求全，面面俱到，什么都放上去等于什么都没有。因此色彩的处理在现代包装设计中占据很重要的位置，色彩在视觉表现中是最敏感的因素，色彩的整体效果需要醒目而具有个性，能抓住消费者的视线，能通过色彩的象征产生不同的感受，达到其目的。这就是个性化的色彩，个性化色彩是有自己的特性，主要体现在以下几个方面。

（1）独特性

包装色彩的运用并不能简单化、公式化。有些现代包装设计的色彩本应该按照它的属性来配色，但这样画面色彩的效果一般，所以设计师往往反其道而行之，使用反常规色彩，让其产品的色彩从同类商品中脱颖而出，这种色彩的处理使我们视觉格外敏感，印象更深刻。

如图8-9所示为一款饼干独特用色的包装设计。

（2）商品性

各类商品都具有一定的共同属性。化妆用品和食用品等有较大的属性区别。而同一类产品在分类上还可以细分，例如，化妆用品按功能或作用可分为消斑类、消退粉刺类、增白类等。在运用时，要具体地对待，从而发挥色彩的感觉要素，力求个性化表现。例如粉红色、粉橙色一般表示消斑类化妆品的包装色，而粉蓝色、粉绿色则一般表示消退粉刺类化妆品的包装色等。如图8-10所示为一款牙齿美白产品的包装设计。

（3）广告性

由于产品品种的不断丰富和市场竞争的日益激烈，现代包装设计也充当为一种广告，是商品与顾客最接近的一种广告，它比远离商品本身的其他广告媒介更具有亲切感和亲和力,因此它在销售环节中的地位日趋重要,其中色彩的处理更是重中之重。含蓄色彩起消极作用,因而必须注意大的色彩构成关系的鲜明度的处理。如图8-11所示,为百事可乐易拉罐包装设计。

图 8-9 Mini 奥利奥原味曲奇饼干

设计阐述:通常提到饼干包装的颜色人们会想起米粉色,这来自于对粮食的联想。但奥利奥饼干包装的颜色不是米粉色,而是以蓝色为主调,黑色为辅色调。如此配色的饼干包装确实少见,可在市场上却卖得很好。

图 8-10 GLO 个人牙齿美白产品包装设计

设计阐述:GLO是一项突破性的个人牙齿美白设备系统设计,在2010年该牙齿美白设备一共获得了12项个人专利。GLO的包装旨在突出"明亮的白色",从多个方面与明亮的蓝色外套形成鲜明的对比,并在一个角落继续通过洁白的内框设有一个大胆的箔标志的白色凸显该品牌设计理念。现代简约的工业设计无论在外观设计与图形的最小包装上面都有体现,裁剪标志,以适应紧凑的内部安排。

图 8-11　百事可乐易拉罐包装

设 计 阐 述：百事可乐的包装形象已经成为国际语言，鲜明的红色蓝色产生了强烈的广
告效果，同时又表现出产品的性能。

8.1.2.2　色彩的应用要突出审美特点

创立品牌形象，吸引消费，这不是被动地去迎合消费者的审美趣味，而是
可以通过创立品牌形象，提高大众的审美品位。产品的外观设计应满足消费者
的审美要求，设计师必须要深入生活，深入、细致地了解人们的生活方式、审
美趣味，才能设计出能带给人艺术享受的产品。产品的外观要不断创新体现时
代精神、引领时尚潮流，才可能被消费者认可。最终，使消费者从审美上感到
"物宜我情"——符合消费者审美心理；从感知上感到"物宜我知"——符合消
费者的知觉心理；从认知上感到"物宜我思"——符合消费者的认知心理；从
操作上感到"物宜我用"——符合消费者的操作动作特性。这样才能实现"物
我合一"的设计目的。

然而商品包装的要求不仅仅在追求新颖、独具创意上，同时还要求商品包
装设计富有人性味、乡土味、自然味。在包装中运用各种具有幽默、怀旧、自
然、乡土气息等意味的表现语言，提升商品包装设计形象对消费者情感上的号
召力，增添商品的人性味，使商品更加亲切，迎合消费者的情感。而色彩的情
感因素是人类审美的经验积淀、演化而产生的。在生活中，一种色彩或色彩组
合，就可能引起人们产生特定的联想和感觉，这就是色彩的象征作用。例如，
没有成熟的果实大多数是绿色的，会给人有"酸"的联想；而成熟的果实大多

是橙红色的，使人感到有"甜"的味；太阳是红色，红色是暖的感觉；冰雪是白色，在冰雪的发射中放出的是蓝色的光，白色、蓝色是冷的感觉；黄色的阳光，是温暖和高贵的色彩，粉红色像少女的肌肤，是美和爱的色彩等等。凡此种种，色彩被人类用自己的思想赋予了很多情感，说到底是色彩的情感。图8-12所示为一款伏特加酒的包装设计。

图 8-12　俄罗斯 OKEAH 伏特加酒富含故事的包装设计

设 计 阐 述：俄罗斯OKEAH伏特加酒象征着一股清新的力量，平静的海流，充满魅力的水仙女居住在大海深处，独具魅力，富含故事情节的设计。

8.1.2.3　个性化的色彩要加强品牌的塑造

在经济科技的发展和迅速普及现代，促使现代商业的竞争越来越激烈，各个企业推出的产品质量不相上下，在各有千秋的情况下，品牌的竞争最后就变成了包装这个"外在功夫"的竞争，尽管消费者心存疑虑，认为不可以貌取"物"，却又不知不觉地想象产品的内容和质量，在购买同等商品时，一般都愿意去选择新颖美观的包装。"正所谓好的色彩自己会说话"。这时色彩被赋予了人性的特征。包装色彩的人性化表现在以下几个方面。

（1）色彩的功能性和娱乐性的统一

包装色彩的功能性体现在多方面，有以突出商品特定使用价值为目的的色彩使用功能，现代包装设计色彩的人性化表现不仅满足了以上功能性需要，而且满足了现代人追求轻松、幽默、娱乐的心理需求。如图8-13所示。一般说，包装的图案色彩要充分显示品牌商标的色彩特征，使消费者从商标色彩和整体包装的图案形状、色彩上立即能识别某厂的产品，或某品牌商店。

图 8-13　靓丽颜色的 Ubernuts 坚果类零食包装

设计阐述：将时尚的元素与糖果结合，就形成了这款糖果包装在外观设计是上对年轻消费者的吸纳和认同，并且试图通过鲜明的色彩以及激情字体设计来描述这款糖果应有的外观样式。

（2）色彩表现和情感需求的统一

俗话说："远看色，近看形"，这充分说明色彩能引人注目，色彩能抓住人心。成功的包装色彩，在于积极地利用针对性的表现，通过色彩把所需要传播的信息进行加强，与消费者的情感需求进行沟通协调，使消费者对包装发生兴趣，促使其产生购买的行为。色彩表现与情感需求获得平衡，往往是消费者因心仪的包装而欣然解囊的原因之一。例如，在20世纪80年代初，法国流行黑色，以黑色为贵，这时的化妆品竟出现了黑色调。黑色调有高贵、新潮之感。俄国大作家托尔斯泰的《安娜·卡列尼娜》中的安娜就喜欢黑色调，她穿上黑色的衣服显得是那样的高贵、典雅。因此，情感在包装设计中的重要性是显而易见的。但是并不是一切情感都能在包装上很好地表达出来，因为包装设计出的产品的服务对象是消费者，情感在包装中的表达要兼顾到所有消费者是非常困难的事情，消费者不同，兴趣爱好就不同，所以千篇一律的包装设计肯定只能得到一部分消费者的青睐，所以现代包装设计在情感上肯定要做出定位，也就是特定消费者定位。图8-14所示为几款文具的包装设计。

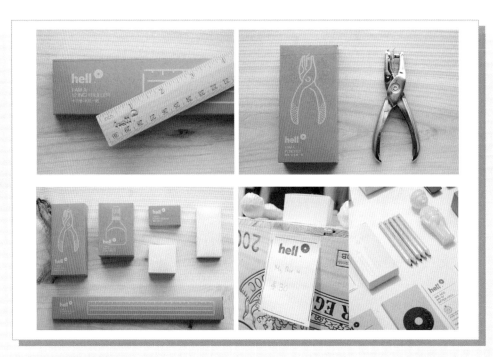

图 8-14　带有鲜明怀旧色彩的 hello 物料创作

设 计 阐 述：由hello创建的第一个项目，一系列利用激光切割印刷技术设计制作的铅笔、尺子和邮票等文具系列，包装由设计师团队共同创作完成。在香港，人们生活工作节奏速度很快，没有文化以及历史的记忆，有意义的历史以及在人们快节奏的生活当中被逐渐地遗忘。因此设计师团队极其想通过富有创造性和创新性的文具物料设计项目恢复人们对过往生活时代的怀念，再次以鲜活的理念展现给公众。

（3）设计师思维与消费者心理的统一

　　要想设计出令消费者更满意的产品，一方面设计师必须通过与消费者沟通，进行市场调查，反馈消费者的信息，另一方面设计师本身也是消费者，他们应从消费者的心理角度引导设计思维，从而达到设计物与消费者在心理上的统一。如图8-15所示，为一款酒品的包装设计。

图 8-15　Greenhook Ginsmiths 酒包装

设 计 阐 述 ：Greenhook Ginsmiths 优雅而含蓄，它结合了传统的版式和现代性，与华丽的色彩和感性的玻璃瓶形状完美融合。

8.1.3　包装色彩的对比与调和

8.1.3.1　色彩的对比

（1）色相对比

　　色相是色彩的外貌。色相对比是指不同外貌的色彩在时间和空间上的相互关系及其对视觉所产生的影响。在产品包装设计中，色相对比的运用能使设计的效果鲜艳、明快，有较强的视觉冲击力。

　　色相在色环上的位置决定色相对比的强度。有同类色对比，色相位于色环上相距15°以内的对比；类似色对比，色相位于色环上相距30°以内的对比；邻近色对比，色相位于色环上相距60°以内的对比；对比色对比，色相位于色环上相距120°以内的对比；补色对比，在色相环中的两色均位于直径的两端，相距180°，是色相中最强烈的对比，如红与绿、黄与紫、蓝与橙等。在包装设计中，运用补色对比进行色彩设计，会使产品包装有一种绚丽夺目的感觉，使包装在众多的竞争对手中脱颖而出，但补色对比是最难处理的，运用时应避免嘈杂混乱。如图8-16所示，为一款啤酒的包装设计。

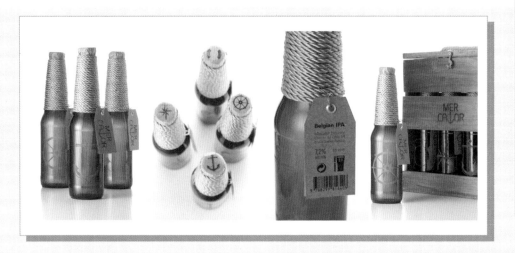

图8-16　Mercator 品牌啤酒独特包装设计

设 计 阐 述：比利时Mercator品牌，啤酒大部分都是手工制作的，刻在瓶子上的图案都是手工绘制的对象，非常久远的浮雕标签标志。每一个瓶子都是独特的，注定成为收藏品。玻璃瓶子、粗线封口及木箱的邻近色色彩搭配透露出品质和精致。

（2）明度对比

　　将两种不同明度的色彩并列，产生明的更明、暗的更暗的现象。人眼对明度的对比最敏感，明度对比对视觉的影响最大、最基本。在产品包装的色彩设计中，运用明度对比能使包装的整体形象更加鲜明、强烈，重点更加突出。如图8-17所示为化妆品包装设计。

图 8-17　SEPHORA+PANTONE UNIVERSE 增强版包装

设计阐述：SEPHORA+PANTONE UNIVERSE关注一年流行色彩的变化以及化妆式样的更新，并选用合适的产品配合一年的营销规划。这款包装颜色搭配设计灵感来自于对翡翠颜色的深浅变化的掌握，通过不同饱和度颜色分层次的效果显示，反映了该款产品带给人们激动人心的能量。若远若近的色调，变换成层次丰富的处理手法，又合理使用了翡翠绿谄媚的轻佻心理暗示，可以鲜亮地激活每一个观察者的眼睛。

（3）纯度对比

是指不同纯度的色彩并列，产生鲜的愈鲜、浊的愈浊的色彩对比现象。纯度对比较之明度对比和色相对比更柔和、更含蓄，具有潜在的对比作用。图8-18所示为一款伏特加酒的包装设计。

图 8-18

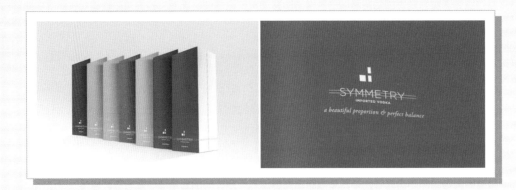

图 8-18　SYMMETRY 伏特加酒品牌包装设计

设计阐述：SYMMETRY是一个虚构的俄罗斯伏特加酒品牌，高纯度的色彩和平等平衡的韵味给人一种意想不到的单一感觉。这个品牌的特点是它的对称和干净的剪裁设计，给人一种完美均衡食材的感觉。

（4）面积对比

任何配色效果如果离开了相互间的色彩面积对比都将无法讨论，有时对面积的斟酌要超过对颜色的选用。对比色双方面积大小悬殊时能产生烘托和强调效果。同一色彩面积越大，愈能使色彩充分表现其明度和纯度的真实面貌，面积越小，愈容易形成视觉上的识别异常。在包装设计中，加大色彩的面积可以突出重点，增强效果。色彩的形态、位置对比，也能获得不错的视觉效果。如图8-19所示为雀巢咖啡红杯限量版包装设计。

设计阐述：雀巢首批限量铁盒雀巢红杯限量版包装设计，设计师在泰国创造了这个美丽的铁听包装。红色、银色和咖啡色色块明显的分层设计是为了与别人的品牌在货架上形成明显的区分而设计。

图 8-19　Prompt Design 雀巢咖啡
红杯限量版包装

8.1.3.2　色彩的调和

色彩调和是指两种或两种以上色彩配合得适当，能相互协调，达到和谐。

人们对色彩和谐的观点可归纳为两大类：一类是一味求统一，如"和谐就是类同"，"和谐就是近似"，越统一越和谐，把和谐当作了对比的反面，这样的认识太狭义；另一类是通过色彩力量的对抗从中求得和谐，如"和谐包含着力量的平衡与对称"(约翰•伊顿)。和谐观念伴随着时代及生存环境的变化在不断发生着转变。今天人们对和谐的理解已不仅仅满足于舒服、美好的调和感觉，而是多方位地追求具有不同特征、不同价值、对比的色彩表现。

然而，和谐也只是相对的。和谐随着消费者的情绪、个人的经验和生活的适应（包括历史、地理背景以及个性的要求）发生变化，有时只要符合个人的追求和需要，即使以往普遍认为不调和的关系，在特定的时空条件下也会成为调和的关系。

色彩调和有统一性调和和对应性调和之分。前者是以统一为基调的配色方法，在色彩三属性中尽量消除不统一因素，统一的要素越多越融合。后者是一种广义的、适应范围更大的配色方法，它完全基于变化的基础之上，调和的难度比较大。如果色彩效果强烈，富于变化，活泼、生动，那就有必要采用对应性调和的方法，对应性调和的关键是要赋予变化以一定的秩序，使之统一起来。秩序是整体与部分之间是否存在的共同因素，比如节奏、同质要素，共同的形状、共同含有的色彩、统一的色调等。图8-20为一款巧克力的包装设计。图8-21为一款休闲食品的包装设计。

图8-20

图 8-20　Beta 5 品牌巧克力低调雅致包装设计

设计阐述：品牌成立于2011年，品牌 Beta 5 创建小批量产品，包括手工巧克力、糖果、烘焙食品和蜜饯。名称来自于结构形式最稳定的可可脂结晶，通过控制熔融以及随后冷却的液体巧克力。品牌包装设计仔细考虑执行及品牌发展、包装色彩的统一性调和显示出产品及品牌的低调、雅致、奢华。

图 8-21　Krc & Ko 系列休闲食品包装

设计阐述：Krc & Ko是一系列休闲食品的品牌，塞尔维亚设计工作室Peter Gregson Studio(PGS) 负责了该系列产品的视觉识别、命名和包装设计的全过程。最终的包装效果是通过插画与实际的食品图片相结合，简单明亮的色彩实现了完美的对比调和。

8.1.4　色彩在包装设计中的心理效应

　　色彩的感受通常可以通过心理来判断。色彩作为视觉传达的重要因素，它总是通过两个方面在不知不觉中左右着人们的情绪和行为。一方面是人的大脑在色光直接刺激下的直觉反应，如明度高的色彩，刺眼、使人心慌；红色夺目、鲜艳，使人兴奋。这是一种直觉性的反应，属于直接性心理效应。当直接性心理效应相当强烈时，会唤起直觉中更为强烈、复杂的心理感受，如饱和的红色，令人产生兴奋、闷热的心理情绪，甚至联想到战争、伤痛、革命等，这种因前种效应而联想到的更强烈、更深层意义的效应属第二个方面，即色彩的间接性心理效应。然而，人的心理状态和对色彩的感知会因各自的生活经历和文化背景发生变化。即使同一个人，在不同的情绪、环境下，对色彩的反应也是不同的，所以，对色彩的理解和体验只凭单纯的直觉是完全不够的，它需要融入各方面知识的积累和人生的体验，从中获得属于自己的感觉。

8.1.4.1　色彩的直接心理效应

人们在观看色彩时，由于受到色彩的不同色性和色调的视觉刺激，在思维方面会产生对生活经验和环境事物的不同反应，这种反应是下意识的直觉反应，明显带有直接性心理效应的特征，概括为以下几个方面。

（1）轻重感

色彩的轻重主要取决于色彩的明度，高明度色和白色使人联想到棉花、空气、云雾、薄纱等，给人轻飘柔美的感觉。低明度色和黑色等使人联想到金属、岩石、泥土等，给人厚重、沉稳的感觉。同明度、同色相的色彩，纯度高的感觉轻，纯度低的感觉重；暖色感觉轻，冷色感觉重。如图8-22所示。

设 计 阐 述：
Akzidenz Grostesk啤酒，按包装上字体的不同，每个啤酒中的酒精含量也不同，每一个变化的排版代表了不同程度含量的酒精。

图 8-22　Akzidenz Grostesk 啤酒包装

（2）冷暖感

冷暖感属于人体本身的一种感觉，但色彩的冷暖不是用温度来衡量的，也不等于皮肤的冷暖直觉，它是一种经验，源于人们对自然界的了解和感受，如太阳和火焰温度很高，它们所迸射出的红橙色光使人感到温暖、炎热，而大海、冰雪带给人的是寒冷、凉爽，它们反射出的色光是青、蓝、蓝紫等色。

色彩冷暖是相对而言的，相比较而存在的，如绿色相对于橙色来说是冷色，相对于蓝色来说却是暖色，同时色彩的冷暖与明度、纯度也有关。高明度、低纯度色具有冷感；低明度、高纯度色具有暖感。无彩色的白是冷色，黑是暖色，灰是中性色。如图8-23所示为系列橱具产品包装设计。

图8-23

图 8-23　Vlasta 厨具产品系列包装形象设计

设计阐述：天才的学生设计师Galya Akhmetzyanova和Pavla Chuykina利用他们喜欢的插画图纹以及颜色为弗拉斯塔厨具设计创作了这个系列产品的包装形象设计方案。高明度的色彩搭配木制的餐具，营造出温暖、柔和、自然的感觉。

（3）软硬感

在色彩的感觉中，有柔软和坚硬之分，它主要与色彩的明度和纯度有关。高明度、低纯度的颜色倾向于柔软，如米黄、奶白、粉红、浅紫、淡蓝等粉彩色系；低明度、高纯度的颜色显得坚硬，如黑、蓝黑、路石、熟褐等。从色调上看，对比强的色调具有硬感，对比弱的色调具有软感；暖色系具有柔软感，冷色系具有坚硬感。图8-24所示为一款保洁产品的包装设计。

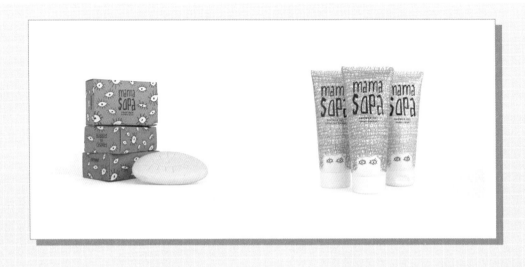

图 8-24　Mama Sopa 慈善保洁沐浴露产品包装

设计阐述：这是一个环保材料制作而成的儿童沐浴露品牌，来自荷兰 Simavi 基金会卫生项目发展支持，Mama Sopa 为那些有需要的人提供母爱般的支持。产品高明度、低纯度的红色、蓝色与橙色给人柔软的感觉，符合儿童的心理诉求。

（4）前进与后退感

　　色彩的距离感与明度和纯度有关。明度和纯度高的色彩具有膨胀的感觉，显得比低明度、低纯度的色彩大，因此具有前进感，相反，明度低纯度低的色彩具有后退感；暖色有前进感，冷色有后退感。色彩的前进与后退感，可在一定程度上改变空间尺度、比例、分隔，改善空间效果。图 8-25 为一款啤酒的包装设计。

图 8-25

图8-25　日本馨和（KAGUA）啤酒包装设计

设计阐述：日本馨和（KAGUA）啤酒的艺术总监是一位年轻而充满活力的艺术家，他在日本和国际各地工作，设计简单而难以磨灭的，同时又能反映日本的柔美和冥想特质的形象。KAGUA的Logo设计，源自日本使用了几百年的传统密封签。为了在国际上展现KAGUA的品牌形象，深红色和浅黄色两种颜色的酒色，配以两种不同颜色的包装。独特的瓶子和标签的设计结合低纯度色彩，呈现出简单和谦逊的风格，可以搭配任何美食，是KAGUA的最根本的价值观之一。

（5）兴奋与沉静感

色彩的兴奋与沉静和色彩的冷暖有关，红、橙、黄等暖色给人兴奋感；蓝绿、蓝、蓝紫等冷色给人沉静感，中性的绿和紫既没有兴奋感也没有沉静感。此外，明度和纯度越高兴奋感越强。图8-26所示为一品牌化妆品包装设计。

图 8-26　Biotherm 品牌化妆品特色包装

设计阐述：Bio，意为皮肤的生命；therm，是指矿物温泉；Biotherm正是人类科技与大自然的美丽融合。在法国南部山区，就有一种矿物温泉，它对人体，特别是对肌肤有着特殊功效。那里空气清新、绿意盎然，法国Biotherm碧欧泉护肤品就于1950年在此诞生。水蓝色的包装色彩给人沉静、优雅的感觉，与"让获得清纯泉水爱抚的你变得更清澈，让得到大自然拥抱的你变得更自如，让你体味到现代最高尚的生活格调——回归清纯、回归自然！"的品牌

（6）华丽与质朴感

明度高纯度也高的颜色具有明快、辉煌、华丽的感觉，明度低纯度低的颜色给人以朴素、沉着的感觉。从调性上看，活泼、明亮、强烈的调子较华丽，相反暗色调、灰调较质朴。

在设计包装时根据产品的特性、档次，决定色彩是华丽还是朴素。古老传统的商品，需要表现一种乡土味或质朴感，可以运用较稳重的灰色或淡雅的色彩来体现一种纯朴、素雅的感觉和悠久的历史感。图8-27为某茶品包装设计。

图 8-27

设计阐述：山里日红，云雾之乡，千尺茶学，拥有独特的风土气候，台湾阿里山终日雾气云瀑飘浮穿梭于茶树间，使得茶叶柔嫩，厚度饱满。日照充足、日夜温差大，却缓缓汲取露、雾、云精粹，凝聚茗茶独有的山头气，造

图 8-27　山里日红"云舞茗品"系列包装

就茶叶厚实，浑然天成，口感清香悠扬，无穷回甘的滋味，余韵深邃久久低回不已。云舞茗品系列灵感启发于阿里山景致群山、日出、云海，从经典中萃取意象元素，透过每个设计细节表达品饮茶、品生活的美学态度，将专属尊荣感倾注于包装设计中，流汇成一股禅意气韵的生活享受，打造简单而隽永的美境。

8.1.4.2　色彩的间接心理效应

（1）色彩的通感

色彩是人类视觉对阳光下的世界的反应，与视觉密切相关，同时与人的其他感官知觉也密不可分。人的感觉器官是相互联系、相互作用的整体，视觉感官受到刺激后会诱发听觉、味觉、嗅觉、触觉等感觉系统的反应，这种伴随性感觉在心理学上称为"通感"。

① 视觉与听觉的关联 "绘画是无声的诗，音乐是有声的画"，视觉的享受可以使人联想到流淌的音乐，听觉可以使人联想到斑斓的色彩，甚至一幅幅优美的画面，色彩与音乐相辅、相生、共通。"听音有色、看色有音"，是对视觉与听觉的最好描述。图8-28为一款葡萄酒的包装设计。

图 8-28 维诺拉丁品牌葡萄酒标签及包装设计

设计阐述：尊重传统的意大利葡萄酒，使用拉丁名来标识每种类型的酒。标识分别为红葡萄酒，白葡萄酒和桃红葡萄酒。标签是故意颠倒定位，使用一个塔游戏的格式。低纯度、低明度的色彩体现出优雅的质感，配合创意的标签设计，让人似乎听到了葡萄酒倒进高脚酒杯时极富韵律感的汩汩流淌的声音。

② 视觉与味觉、嗅觉的关联 色彩的味觉与人们的生活经验、记忆有关，看到青苹果，就能想象出酸甜的味觉；看到红辣椒，就能想象出辣的味觉；看到黄澄澄的面包，就能想象出香甜的味觉，所以色彩虽不能代表味觉，但各种不同的颜色能引发人的味觉。色彩可以促进人的食欲，"色、香、味俱全"贴切地描述了视觉与味觉、嗅觉的关系。色彩味觉和嗅觉的使用在食品包装上较普遍。比如，食品店多用暖色光，尤其是橙色系来营造温馨、香浓、可口、甜美的气氛，因为明亮的暖色系最容易引起食欲，也能使食物看上去更加新鲜。再比如，松软食品的包装会采用柔软感的奶黄色、淡黄色等。巧克力的包装采用熟褐、

茄石等较硬的色，以体现巧克力优良的品质。酸的食品或者芥末通常采用绿色和冷色系的搭配。图8-29所示为一款冷鲜肉的包装设计。

图 8-29　冷鲜肉特色包装设计

设计阐述："打开天窗说亮话"，上面看到的这个冷鲜肉的包装设计就有这样的意思。木纹的盒子装潢质地，与佐料相得益彰，让即使不会做饭的人也明白如何把这样的鲜肉做出美味来。

（2）色彩的象征性

　　人类对色彩的反应与生俱来，在人类的文明之初，就已经懂得借用色彩来表达一些象征性的意义。色彩的象征性源于人们对色彩的认知和运用，是历史文化的积淀，是约定俗成的文化现象，也是人们共同遵循的色彩尺度，它具有标志和传播的双重作用，通过国家、地域、民族、历史、宗教、风俗、文化、地位等因素体现出来的。不同国家、民族，对色彩具有不同的偏爱，并赋予各种色彩特定的象征意义，如黄色在东方宗教中被认为是最为神圣的色彩，在中国是权力、尊贵的象征，因此，世代皇帝都穿黄色衣裳，以显示自己的权威。

　　色彩与商品间的关系是复杂的，色彩可以表明商品特点，同时还可以引起对商品的其他想象，例如紫色代表葡萄、红色代表苹果、橙色代表橘子、绿色代表猕猴桃、蓝色代表蓝莓、黄色代表黄桃，这是直接表现产品属性的色彩运用。在不同的文化体系下，色彩所表达的意义可能完全不同。在中国的白酒包装中使用红色，消费者不会因此而误会白酒是红色的，因为红色的运用方式在中国已经是约定俗成的了，老百姓知道红色总是与喜庆之事有关，红色甚至成为白酒包装的主流用色，所以，在产品包装的色彩设计中需要传递某种象征意义时，一定要认真研究色彩的潜在语意，了解色彩的精神象征，进一步促进商品的销售。如图8-30所示。

图8-30　Meloza 品牌龙舌兰酒精美包装

设 计 阐 述：Meloza品牌龙舌兰酒精美包装设计，在美国龙舌兰酒市场上，作为一个相当新的品牌，Meloza龙舌兰酒需要传统的识别标签来体现质朴的饮料品质，品牌旨在吸引老年人，200美元价格要求，有着更复杂的设计，需体现喝出雕琢精美的墨西哥传统的精神品质。

（3）色彩的嗜好与禁忌

　　色彩能引发人们的遐想，能给人带来丰富的联想和回忆，使人产生喜、怒、哀、乐的情愫，因此，绝大多数的消费者对某种色彩有特别的嗜好，且随意性强，经常会因个性、时代、社会形态、流行元素、周围环境、教育形式、突发事件等差异而改变。有色彩的嗜好，当然也会有色彩的禁忌，历史传统、民族文化导致有些色彩引起公众的不良情绪和联想，就产生了色彩的禁忌，如黄色在一般情况下代表温暖、太阳、权力等，但对于犹太人来说，由于在被法西斯奴役时，被迫穿黄色衣服，因此黄色在以色列被认为是不吉祥的色彩。包装设计要照顾销售地区可能面对的风土民情，所以在色彩设计时，一定要适当地回避运用禁忌色，以免造成不必要的损失。图8-31为日本松树啤酒的包装设计。

图 8-31　One Pine Tree 松树啤酒包装

设 计 阐 述：来自日本包装设计师Kota Kobayashi的作品——One Pine Tree松树啤酒，松树代表作为2011年海啸后的生存证明，它的设计来自一个慈善机构，象征日本光明的未来和希望，该标签是一个孤独的松树，由三个三角形朝上，黑白两色为日本设计中常用色，象征着灾后重建工作进展的愿望。

8.2　图形设计

不同文化对于一张相同图片的感知是不同的，图像不像色彩有许多既定标准可以参考，故同一张图片所代表的意义也就会因人而异。美国文化里的雏菊，其视觉意像所代表的是春天、新鲜、生命力与爱情，然而对于法国人而言，雏菊隐含着哀悼、悲伤与难过的意思。在许多亚洲文化中，以鞋底作为视觉图像是一种无礼的象征，反倒是西方文化对于此图像却没有太多的感觉。

当有效地将图像应用于包装设计时（不论插图与摄影），则会产生令人难忘的视觉印象。在产品包装设计中，图形的表现是不可缺少的部分，图形语言具有直观性、丰富性和生动性特征，是对于商品信息较为直接的表现方法，它形象单纯、便于记忆，比文字语言的传达更为直接、明晰，且不受语言障碍的影响，具有无国界性等特征。图形语言可以通过视觉上的吸引力，突破语言、文化、地域等方面的限制，虽然图形的注意力仅占人视觉的20%左右，但随着消费者与商品之间可视距离的缩短，图形吸引视觉的作用会陡然上升，合理有趣、逼真诱人的图形设计激发消费者进一步阅读的兴趣，直接引发消费者的购买欲望，所以，图形设计主导着包装的成功与失败。

插图、摄像、图示、符号与人物等元素可组合成众多不同的风格设计，因此也创造丰富的视觉语言并提供视觉刺激。图像可以是很简洁的，像是提供概念的迅速认知，也可能是很复杂或潜意识的，使消费者必须多花时间思考以完全理解其中的含义。仔细考虑不同于视觉观看的感官体验，如味道、香味、口味等，都可以成为包装设计的视觉表现。

传达品牌特征与特定产品属性的图像，则必须依据其直接性与合适性。食品包装设计所表现的食欲、生活形式的含义、情绪的联想及产品使用说明，皆是图像阐释包装设计的形式。专注于客户所勾勒出策略目标的广泛创意探索，则会缩小其适当且可以支持理念的图像选择范围，描述性强的营销则要可以为客户期望创造视觉性的蓝图。图8-32为立顿品牌产品包装设计。图8-33为Windows 8产品包装设计。

图 8-32　欧洲 Lipton 品牌新口味包装设计

设 计 阐 述：立顿两种 330mL 的新口味包装设计在欧洲墨西哥实施，整个设计清爽怡人，大胆的色彩应用，吸引消费者的眼球。

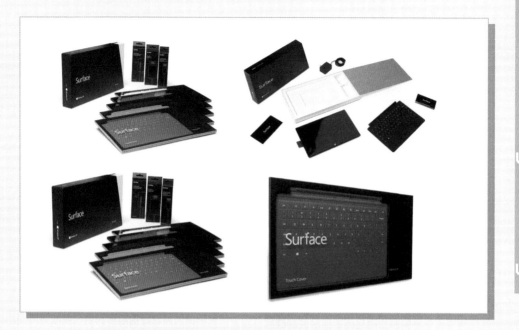

图 8-33　展示 Windows 8 魔法体验特征的产品包装

设计阐述：这是平面设计师 David Dunham 为微软产品 Windows 8 平板电脑和配件的包装设计的方案。旨在通过巧妙及稳固的配色以及加强对机器的保护程序来展示 Windows 8 的魔法体验特征。

8.2.1　产品包装中图形的分类与特性

在每一件包装上，都存在着多种类别的图形，尽管不同产品包装的重点不同，所表现的侧重点也各不相同，但大致可分为以下几类。

8.2.1.1　实物图形

（1）产品形象

通过摄影或绘画等写实手法，针对产品的外形、材质、色彩和品质进行真实可信的传达，并经过一定的美化处理，精确或较为精确地表现产品形象；也可以通过特写的手法，对商品的个性特征或局部进行放大、深入地描绘展示，使消费者可以明确地得知产品的外形样式、内部结构、色彩类型、产品特征等直观信息，帮助消费者迅速做出购买决定，尤其在一些食品、日用品、小电器的包装中常采用此类图形，因此，产品形象的表现也成为产品包装视觉表现中运用频率最高的方法。图 8-34 为飞利浦照明产品特色包装设计。

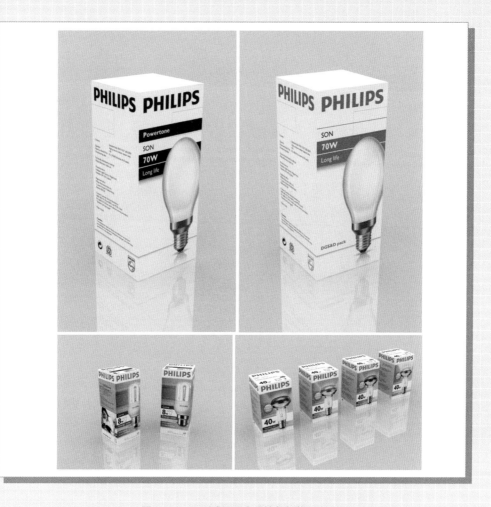

图 8-34　飞利浦照明产品特色包装设计

设 计 阐 述：通过摄影写实手法对白炽灯泡等照明产品进行放大、美化处理，传达给消费者精确的产品形象，使消费者能够明确地知晓这些产品的样式、用途等直观信息，有效地起到了广告宣传的作用。

（2）原材料图形

　　有些产品本身的实物形象难以直接表现，而这些原材料又是高品质、与众不同的，比如鸡精、食用油，那么可以从产品原材料的图形入手，将产品的原材料"鸡"展现在包装盒面上，有利于消费者了解该产品的特色和品质，更好地引起消费者的购买欲望。再比如果汁等饮料类产品，用美好的水果形象诠释果汁的质量，引发消费者对产品的联想，产生好感，促进消费。图8-35是一款天然休闲食品的包装设计。

图 8-35　Sweet Earth 天然休闲食品包装

设 计 阐 述： Sweet Earth天然休闲食品找到了一款适合彰显自己天然物质成分的包装
设计方案，一种简便富有营养的素食可以在天然性以及创新性之间找到与消费者联系的纽
带，从而创造性地与消费者展开无缝互动。

8.2.1.2　象征性图形

　　运用与产品内容相关的图形，通过比喻、借喻、象征等表现手法，传达产品的概念。象征图形包括地域特色图形，如比利时巧克力包装，盒面上就是以比利时风光作为主要图形，以此来证实产品的质量；象征产品质感的图形，如运用冰山的形象，象征饮料的清澈、无污染的水质；流动的曲线来象征饮料的可口、爽口；美丽风光和风土人情，使地方特色产品和旅游纪念品能突出地表现当地浓郁的地方特色和鲜明的个性。象征图形介于具象形与抽象形之间，既能传递一定的具象信息，又能使形式语言达成超越具象形与抽象形的意境。在包装设计中，象征图形被广泛应用，其表达特色使得图形语言更加耐人寻味。

　　图 8-36 为飞行啤酒的特色包装设计。

图 8-36

图 8-36　世界各地飞行啤酒特色包装设计

设计阐述：六种不同标签的包装，体验啤酒在世界各地飞行。灵感来自老式的行李标签，所创建的每个啤酒标签，分别代表了全球主要机场。

8.2.1.3　标识图形

　　标识，也称标志，是大众传播中表明特征的记号、符号。它不是一般的图形，它是经过设计的、代表一定意义的、特殊的图形符号，以象征性的语言和特定的造型、图形来传达信息，表达特定事物的含义。标识包括的范围广、涉及面宽，它在现代应用设计中占据着重要的位置，由于标志是信誉和质量的体现，所以在产品包装设计中显得尤为重要，成为设计中必不可少的视觉元素，而且标识本身也是无形资产，同样也具有价值。在产品包装设计中，标识形象一般包括以下几个方面的内容。

（1）企业标识和品牌标识

企业标识代表企业形象，是公司、企业、厂商、产品或服务等使用的具有商业行为的特殊标志。它具有识别功能并通过注册而得到保护。它利用视觉符号的象征功能，以其简单易懂、易识别的特性来传达企业的信息，通过符号体现企业个性，传播企业文化。有些企业由于旗下品牌、产品种类繁多，根据不同品牌使用不同的商标；有些企业将企业标志和产品商标综合为一个形象，便于形象宣传。一些著名品牌的商品包装，直接使用标志形象作为视觉传达的主要图形，是很有效的设计方法，明显的品牌图形会给消费者留下深刻的品牌印象，形成良好的品牌记忆，使品牌图形成为商品与消费者之间的桥梁，在认牌购物的消费心理越来越趋向成熟的今天，突出品牌形象显得尤为重要。

以企业标识和品牌标识为主题图形进行包装设计的产品，通常其品牌已经得到市场认可，产品的质量和性能可以通过品牌的固有印象获得，而其他产品一般不采用此种方式。企业标志作为一种视觉识别符号，具有简洁、单纯、准确、易认、易解、易记、易欣赏等艺术特征。在产品包装设计中，有时会出现企业标识和品牌标识并存的现象，此时两者要注意相互衬托、相互呼应，避免图形上的混乱。如图8-37所示为Sam Loves Betty™无毒包装设计。

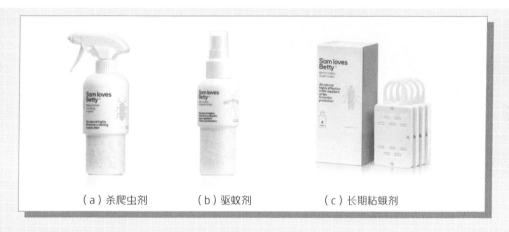

（a）杀爬虫剂　　　（b）驱蚊剂　　　（c）长期粘蛾剂

图8-37　Sam Loves Betty™无毒包装

设计阐述：该公司生产出防虫配方，是化学工程师仅仅使用自然物质创作而成。设计师通过采用形式、图案、颜色和纹理的方式，在没有美化产品的毒性下，向大家展示了产品的有效性。这个容器是由两部分组成，上半部分展示了视觉信息，包括商标、描述和成分。下方有一个较小的带花纹图案的缸体，这些浮雕状盲文点是配方自然性以及基于蔬菜的衍生，可以帮助用户在移动的钱包或是背包中分辨并抓住驱虫剂。整条生产线包括杀爬虫剂、驱蚊剂、长期粘蛾剂等。

为了增加"这仅仅对于昆虫来说是很危险"的感觉，Pasouris设计了每种相关昆虫的点状代表。用这种方法让用户获得了必要提示的同时，又避免了现在产品的荒诞描述。

（2）其他标识

在产品包装设计中，还使用一些其他的标识，比如质量认证标志，包括强制性产品认证标志、绿色食品标志、绿色环保标志、国家著名品牌标志、纯羊毛标志、有机食品标志、无公害农产品标志、回收标志、储运标识（包括小心轻放、向上、吊起、易碎品、防潮、防雨等标志）等。这些标识也比较容易读懂和记忆，但是在产品包装设计中一般放置于次要的位置，不宜喧宾夺主，如图8-38所示。

防火　　　防潮　　　轻放　　　向上

防晒　　　轻放　　　向上　　　怕雨

图 8-38　产品包装设计中的次要标识

8.2.1.4　装饰图形

包装设计中还会运用到很多各种各样的装饰图形，这些图形有具象的、半具象的、抽象的。具象图形是对自然物、人造物形象用写实、捕绘、感悟性手法表现的图形，比较客观真实，容易使消费者接受，产生良好的说服力。

半具象图形是将具象的素材，通过变形、夸张使图形更加单纯、简沽，兼具具象和抽象的特征，它比具象图形更具有现代时尚感，比抽象图形更容易让人辨认、了解，更具有准确性、趣味性和吸引力，尤其是漫画、卡通形式的图形。

由于深受广大青少年的喜爱和青睐，极具亲和力、生动活泼、造型简洁的卡通造型在包装上的运用已经成为一种潮流和趋势，卡通形象正由原来的儿童商品包装设计领域，逐渐朝着成人化、大众化的方向发展。

抽象图形是指从自然物象中提炼出其本质，形成脱离自然痕迹的图形。抽象图形的表现自由、形式多样、时代感强，能给消费者创造更多的联想空间。抽象图形有以下几类。

（1）几何图形

几何图形是由直线、折线、曲线所构成的图形，通过点、线、面等造型元素，运用最基本的设计语言，创造视觉上具有个性的秩序感，兼具符号和图形的双重特点，辅以色彩可以表达多种性格和内涵，具有较强烈的冲击力。

（2）有机图形

自然界有着无数的物质与现象，它的形体、状态、不同的材质表面丰富的表面肌理都是创作的源泉，有机图形就是运用自然界天然的、取之不尽的元素、纹理，用自然曲线的方式构成图形带给消费者不同的视觉感受和联想，突出商品的特性和品位。图8-39所示为一个折纸标签设计。

设计阐述：人们在紧张的时候，时常会下意识地刮开啤酒瓶上的标签。设计师Clara Lindsten设计的折纸标签就可以在刮下后按照标签上的指示折叠成一朵漂亮的花。

图 8-39　折纸标签设计

（3）计算机绘制图形

现代设计离不开计算机辅助设计，图像设计软件给人们打开了一扇门，计算机提供给人们的变化莫测的抽象图形，为包装设计提供了丰富的素材。人类具有的图形心理使人们处理图形语言和处理文字语言一样，具有自我完善和归纳的视觉直觉系统。如图8-40所示为一款茶叶的特色包装。

图 8-40　印度 TEA REX 茶叶品牌特色包装设计

设计阐述：这是一个个人的虚构包装项目，主题是恐龙和印度图形。其目的是凸显 TEA REX 印度茶叶品牌的特色，运用了神圣的印度绘画元素设计。

在产品包装设计中，运用抽象图形作为主要表现形象时，其概念与诉求通常与所包装的产品相关联，而且含有强烈的暗示性，使消费者通过包装上抽象的图形而联想到包装内物品的优良品质与丰富内涵。抽象的美可以给消费者更多的思维空间，自由发挥艺术想象。

以上3类图形具有较强的装饰性，能体现商品的现代感，传播一定的时尚信息，能体现商品的传统文化性和悠久的历史性以及地域特色，能满足各个年龄段的消费者。设计师在日常生活中，要善于发现，善于思考，寻找灵感，在产品包装设计中创造新的意念和视觉图形语言。

8.2.1.5 产品使用示意图

为了使初次使用该商品的消费者准确、便捷地使用商品，可在外包装设计中展示商品的使用方法与程序。一些产品的展示还需要通过使用状态进行表现，使用者或使用环境都以真实或模拟的样式出现，如工具的使用、商品的开启等。这样不仅突显出商品的特色，更主要的是给消费者带来使用上的无障碍。示意图的位置安排在包装盒的背面或侧面，比较显眼，图形简练、明快，使人一目了然。现在还出现了很多用卡通方法表现的产品使用示意图。如图8-41所示为一款洗碗巾使用示意图。

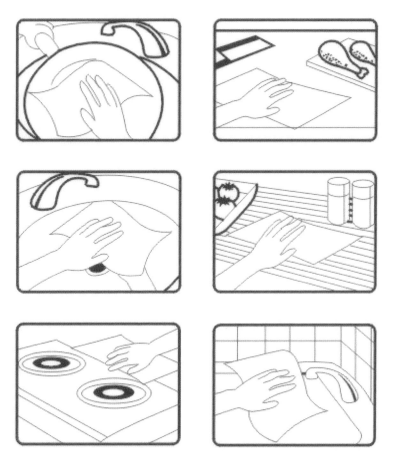

图8-41 洗碗巾使用示意图

8.2.1.6　消费者形象图形

在这个商品细分很彻底的时代，商品销售都有特定的消费群。在产品包装设计中，直接运用商品消费对象的图形来做包装的主要图形，可以让消费者产生共鸣，在商场货架上一眼就发现自己需要的商品，如儿童奶粉包装主展示面直接采用天真、活泼、可爱的婴儿形象；脑白金采用中老年人物形象；男性化妆品采用男性明星作为包装上的主要图形都能引起相对应消费者的视觉注意，减少购买时间，增加购买欲望。

如图8-42所示为一款纸尿裤包装设计。

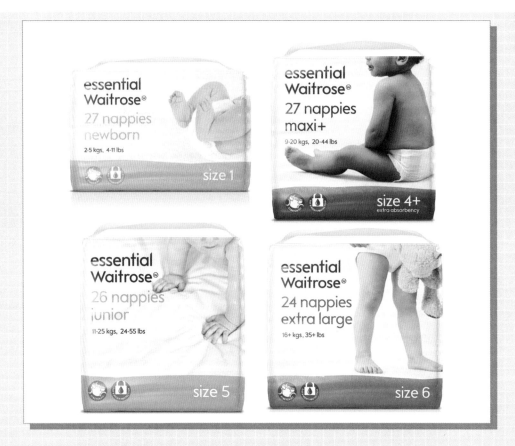

图8-42　纸尿裤包装设计

设计阐述：纸尿裤包装印有宝宝不同生长阶段的特写写真照片，每个大小尺寸微妙暗示了宝宝的年龄。

8.2.1.7　条形码

　　条形码是一组宽度不同的平行线，按特定格式组合起来的特殊符号。它是国际物品编码协会(EAN)为现代商品设计的一套编码系统，它可以代表世界各地的生产制造商、出口商、批发商、零售商等对应的文字数字信息，一种商品对应一个条形码。它是一种为产、供、销的信息更换所提供的国际语言，也是行业间的管理、销售及计算机应用中的一个快速识别系统。现代商品离不开条形码，所以它也成为产品包装设计中不可缺少的图形。一般被放置在包装背展示面或者侧展示面，以利于光电扫描器阅读，同时不影响主展示面的信息展示。商品条形码的标准尺寸是37.29毫米×26.26毫米，放大倍率是0.8 ～ 2.0。当印刷面积允许时，应选择1.0倍率以上的条形码，以满足识读要求。放大倍数越小的条形码，印刷精度要求越高，当印刷精度不能满足要求时，易造成条形码识读困难。如图8-43所示。

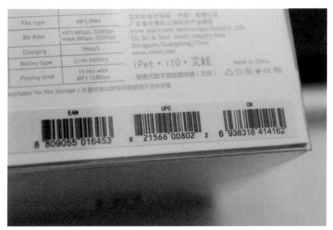

图 8-43　条形码

8.2.2　产品包装中图形的表现手法

　　图形的表现手法多种多样，借助不同的工具能产生多种视觉语言，针对不同的产品可以选择相应的视觉语言。使用摄影、绘画等艺术手法可以再现产品形象，是包装设计中实物表现的常用手法。

8.2.2.1　摄影

　　摄影作为一门独立的艺术，有其自身的技术性和艺术性，摄影图像可以直观、准确地传达商品信息，真实地反映商品的结构、造型、材料和品质，也可以通过对商品在消费使用过程中的情景作真实的再现，宣传商品的特征，突出商品的形象，激发消费者的购买欲望。在产品包装设计中，摄影是运用最多、最广、最直接的表现手法。在西方发达国家，根据自身的专长，摄影师的分工很细，有专门从事产品广告和包装拍摄的商业摄影师。摄影是忠实的再现，但摄影师的主观性也会给人们带来很多意外的惊喜，这个在过去经常通过滤光片和暗房技术获得，现在随着数码技术的不断发展，可以有计算机软件帮助人们获得，给包装设计提供了新的视觉语言形式。图8-44所示为一款利用摄影技术的纸尿裤包装设计。

图8-44　俏皮可爱的Eroski尿片和尿裤包装

设计阐述：Supper设计工作室为Eroski设计的尿布以及尿布裤的包装。该款尿布的包装设计挑战来自于设计师竭尽全力想要打破消费者对尿布包装形象的惯性思维，打破陈规陋习，重塑清新美好的消费体验，Eroski公司推出了一系列经典款式以及颜色搭配的产品设计，设计师使用儿童生活照片形象，强调了俏皮可爱的一面，这也是吸引家长消费的第一个突破口。

8.2.2.2　插画

　　插画设计一直以来都是一个有争议的概念，艺术界和设计产业直至近几年才开始真正接纳它，插画经过顽强地发展终于成为一种绘画的门类。事实上插画一直伴随着人类的历史，在摄影术诞生之前，插画有着不可替代的作用。现代插画由于图像的传达性和图形与文字的连带关系，逐渐向商业运作上转移，融入时代风尚，不断地被摆放在商场的货架上、人们的杂志架上、书架上、T恤衫上，提醒人们插画的存在和重要性，也逐步形成了商业插画的新理念。包装设计中的商业插画比较多的使用夸张、理想化和多变的视觉表现方法，强调针对商品个性特征的表述，手法多种多样，几乎涵盖了所有的绘画方法，常用的有以下几种。

（1）素描法

用铅笔、钢笔、炭笔等进行单色描绘，图形表现简洁、单纯、朴实，具有较强的艺术感染力，形式清新淡雅。

（2）水彩法

用透明的水彩进行创作，色彩透明而富于变化，常给人一种轻松、恬淡、自然之感。

（3）水粉、丙烯画法

水粉色是常用的绘画色彩，有较强的塑造力和表现力，通常用于表现风景、人物等。丙烯是一种水调剂颜料，它的特点是防水性强，使用方便，塑造力强，可以使作品有水彩或油画的效果，它比油画运用起来更方便，所以受到很多设计师的喜爱。

（4）蜡笔、彩色铅笔、色粉笔画法

它们都属于硬笔类的绘画，可以像素描一样精心细致地描绘。蜡笔的表现，笔触粗犷、活泼、自由，利用水与蜡不相容的特点，可以绘制绚丽的色彩效果，用它表现具有童趣的题材，画面会更显生动、可爱。彩色铅笔给人年轻、天真烂漫的感觉，用来表现青少年、女性产品有不错的效果。水溶性彩色铅笔有水彩画的效果，是硬笔和毛笔的完美结合。色粉笔也是一种极具表现力的工具，适合表现一些家用电器等产品的效果图，善于处理一些物体的背景及表面肌理。

（5）马克笔画法

马克笔可以快速准确地表现商品形象，线条生动、洒脱、轻松自如。

（6）版画法

利用雕刻刀在木板或胶版上刻画，然后涂以油墨印在纸张上，其风格粗犷、奔放，有很强的肌理感，运用这种手法来表现一些具有悠久历史的商品，可使包装更具有传统性和可靠性。

随着科学技术的不断发展，利用电脑软件进行绘画越来越成熟，对各种绘画工具特点的模仿，几乎可以达到乱真的效果，以前使用气泵和喷笔进行精细描绘的喷绘画法已经完全由电脑代替，电脑绘画的发展为现代产品包装设计提供了新的图形语言和创意空间。

如图8-45所示为肯园ANIUS精油包装设计。

图 8-45　肯园 ANIUS 精油包装设计

设计阐述：设计师依九型人格对应鸟禽符号，视觉上以鸟禽优美的身形体态与对应之类型数字做结合，辅以刻意成双成对的排列巧思，呼应朋友、伴侣间的私语暗号，或身体与植物间的平衡对话。透过小路映画插画家——Michun 的感性笔触，咨意挥洒，于热情奔放的色彩中展现品牌涵蕴的氛雅气息。

8.2.2.3　传统文化元素

（1）中国画元素的表现

中国画历史悠久，题材丰富，内涵深邃。将传统的、感性的水墨画技法与理性的现代造型设计原理相结合，在画的结构中抽离出对设计有用的因素，赋予其新的语汇，构成新的视觉效果，创造神奇空灵的意境，设计出既符合现代包装设计要求，又具有产品亲和力和审美性的视觉传达设计。

（2）书法图形

汉字是象形文字，书法是具有装饰性和结构意象美感的文字，它洒脱的笔触给人行云流水般的韵律美感，因此它也是一种优美的图形，以书法为设计元素，适合产品特质的包装设计，是现代设计不可缺少的视觉语言。

（3）金石图形

金石图形是以金石印章为题材元素的现代设计图形，包括古文、篆体、隶书、行书、楷书等，题材有动物、植物、山水、人物等。北京2008年奥运会标志是金石图形运用的成功典范。金石图形不仅使传统艺术得到再生和延展，而且使现代设计充满中国的本土文化特色，具有中华民族丰厚的艺术底蕴与文脉，深受国人的喜爱。金石艺术作为一种新的视觉元素，对现代包装设计的丰富起着积极的推动作用。

（4）民间艺术图形

民间艺术图形资源丰富，题材广泛，是广大劳动人民在长期劳动、生产、生活中形成的喜闻乐见的艺术形式，贴近普通民众的民间艺术图形的纯朴、原始、浑厚，特别适合表现带有国家特色和地方民族特色的产品包装，以及喜庆产品的包装设计。

如图8-46所示为我国台湾"茶籽堂"产品包装设计。

图 8-46

图 8-46 台湾"茶籽堂"包装

设计阐述：追求天然与人文间的和谐，来自台湾的"茶籽堂"，让大自然与生活交融调和，冀望茶籽的馥郁芬芳能缓解日常的紧凑步伐……包装概念以台湾年轻版画艺术家SHIU, RUEI JR的笔触，描绘出朴质的图像张力，枝叶扶疏、点缀着一颗颗醇润茶籽与神兽的生动参与，象征大自然的生生不息，传统单色版画形式与复合媒体的运用，体现产品手作温度感，新旧思维糅合碰撞"由内而外，以最自然的方式生活"。

8.2.3　产品包装中图形的选择方法

8.2.3.1　联想

　　产品包装设计是一个有目的性的视觉创造计划和审美创造活动，是科学、经济和艺术有机统一的创造性活动，其造型结构、图、文、色要反映出商品的特性。联想选用法紧紧围绕产品，选用与产品功能、产品品牌、产地以及地域的历史文化相关的图形，在包装上直接表现产品、销售环境及其相关形象，给消费者以直接的视觉冲击和充分的想象空间，具有说服力。食品包装设计中这种方法很常见，例如2017年哈根达斯进行了品牌重塑，推出新的标志与包装，如图8-47所示。

（a）新旧标志对比

图8-47

（b）哈根达斯 2017 年新包装

图 8-47　哈根达斯 2017 年推出的新标志与新包装

设计阐述：自 20 世纪 90 年代以来，哈根达斯一直以高冷奢侈的路线前行，包装主要
以红色和金色为主。虽然哈根达斯品牌享誉世界，不过，如今消费者对奢侈品的观念发生
了变化，更多的人追求的并不仅仅只是品牌以及高价所带来的奢侈地位，而是关心其产品
品质以及品牌背后所代表的价值和故事。所以哈根达斯这种浮夸的策略，与消费者之间的
距离变得越来越远。因此进行了 56 年来最大规模的品牌重塑行动。

升级后的新标志在保留造型和字体不变的基础上采用了全新的配色——勃艮第红
（Burgundy red）来取代原来的黑色的金色。 在包装升级的过程中，设计公司 Love
Creative 邀请了来自世界各地的 13 位艺术家，创作了 50 副不同风格的艺术作品，并将这
些作品应用在外包装上，用来代表哈根达斯不同味道的冰激凌。

8.2.3.2　移位

移位的方法不考虑产品与包装的直接关联性，重点突出其品牌形象，构图
和色彩不同于常规模式，讲究出奇出新，这类包装设计建立在消费者对产品品
牌的了解和信任的基础上，对产品的特质有充分的认识，产品包装设计简洁，
品位高，有提升产品档次和身份的功能，选用移位方法的产品通常拥有完善、
成功的企业形象系统，品牌成熟，拥有比较固定的消费群体，如图 8-48 所示。

图 8-48　国外啤酒酒标版式设计

设计阐述：Galya Akhmetzyanova和Pavla Chuykina设计的古怪的啤酒酒标版式，古怪而富有新意。狩猎是人类最古老的本能之一，不要克制自己，让我们到野外去。点燃你的狩猎激情和感觉的肾上腺素。追捕到猎物，让猎物成为您的战利品。

8.2.3.3　抽象

　　有些产品无法用具体的图形、图像来描绘，设计师需要融合产品的形象、色彩、功能，借助抽象的图形设计来展示产品形象，注重形式美的表现，同时不失现代感。电子信息类产品、家电类产品和一些液态非食用产品经常会采用这种方法。如图8-49为一款能量饮料的概念包装。

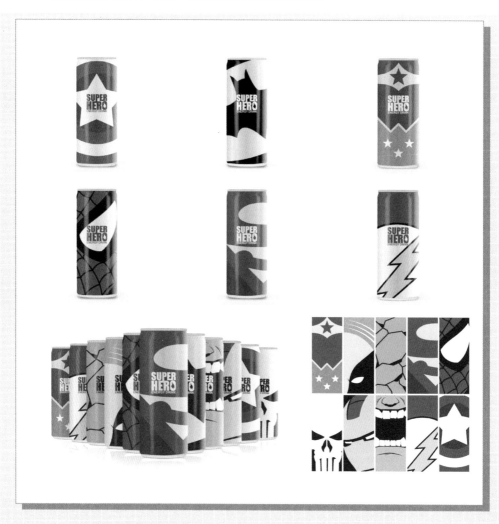

图8-49　迈克·帕普利亚斯超级英雄能量饮料概念包装

　　设 计 阐 述：这是一只鸟？这是一架飞机？不，这是超级英雄能量饮料！看看这个在雅典设计师迈克·帕普利亚斯的超级英雄能量饮料概念设计中瓶装抽象图案出现的你熟悉的英雄们。

8.2.3.4 童趣

　　儿童商品对包装的艺术气氛的渲染有特定的要求，在色彩和图形上应该满足孩子的心理需求。可爱的涂鸦、优美的动画、卡通图形给小朋友们极大的乐趣和可参与性，同时还可以融入科学、人文知识，使包装具有教育的作用，这样的包装一定会受到家长和孩子的欢迎。如图8-50所示为俄罗斯的创意牛奶包装。

图 8-50　俄罗斯创意奶牛外形的牛奶包装

　　设 计 阐 述： 包装分个人与家庭两种。乳胶材料的包装可以进行按压，很有手感。虽然不规则的造型不利于批量生产，储存和运输也会存在麻烦。但是，这些缺点和萌萌的造型一比就成了浮云，太可爱了。

8.3　文字设计

　　在对色彩、图形的阅读完成后，消费者对包装产生了兴趣，进而希望对产品进行更深层次的、详细的了解，于是对文字的阅读就开始了。文字没有色彩和图形那么张扬,在包装设计中被消费者关注的顺序相对靠后,整个包装的设计风格通常不以文字的形式特征来显现,但是它传达商品信息的功能却必不可少,有些包装甚至只有文字。文字作为图形语言进行表现例子也很多,如可口可乐2016年推出的"One Brand"新包装(图8-51)、麦当劳的"M"字母形象,它们的品牌图形依靠字体形象来表现,在包装中都构成了形象表现力的最主要成分。

图8-51　2016年可口可乐推出的"One Brand"新包装

设计阐述:为了清楚地区别每种产品,整个外包装都以显著的颜色加以区别——黑色代表"零度"(Zero),银色代表"健怡"(Light/Diet),绿色代表"生活"(Life)。新图案还包含独特的产品名称,包装正面标示了该产品的保健益处,以帮助消费者做出知情选择。

对于此次包装设计,可口可乐全球设计副总裁James Sommerville表示:"经由设计进行品牌整合是我们在130年历史中,首次以如此醒目的方式在各产品中统一使用标志性的可口可乐视觉识别方式。这种新的方式在包装、零售、设备和体验中推广后,将成为全球性的设计语言,它以历史性的品牌图案代表可口可乐的系列产品,以现代而简约的方式呈现给现在的消费者。"

8.3.1　产品包装中文字的类型

8.3.1.1　品牌文字

　　品牌文字代表产品形象，是包装平面视觉设计中最主要的文字，包括品牌名称、商品品名、企业标识名称和企业名称，是具有形象记忆特征的标志性文字形象，应该是易于识别的、符合产品内在特点的、新颖的、有感染力的。品牌文字一般安排在主展示面上较醒目的位置，具有较强的视觉冲击力，能使消费者在较短的时间内产生好感，并留下深刻印象，为购买打下基础。如图8-52所示为波纳尔食品包装设计中的文字设计。

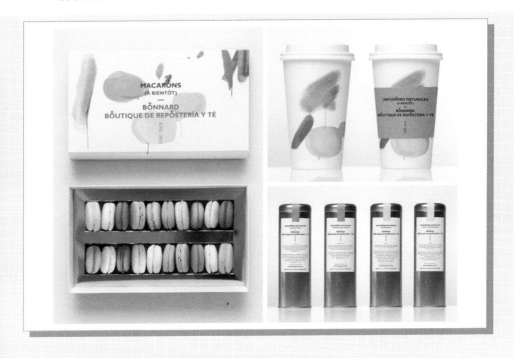

图 8-52　波纳尔食品包装设计

　　设计阐述：波纳尔是墨西哥专卖法国风味的茶和糖果的商店。他们推出的商品包装由不同颜色和笔触的色块组成基本的背景，然后配上无衬底的字体，其设计的灵感来自于法国后印象派画家波纳尔。这种简洁、鲜艳和多彩的包装设计倒是非常符合糖果、点心给人们的印象。

8.3.1.2　说明文字

　　说明文字是商品的功能与使用内容的详细解释，是行业机构或国家有关机构对包装的具体规定，具有强制性。这部分文字可以帮助消费者进一步了解商品，增加对商品的信赖和使用过程中的便利。说明文字的内容主要包括：生产厂家、地址、电话、产品成分、型号、规格、重量、体积、用途、功效、生产日期、保质期、注意事项等。这类文字的重要特征体现为字体的可读性较强，编排位置可以根据包装的形态与结构做相对灵活的文字处理，但是一般不出现在主展示面上，主要安排在包装的侧面或背面等次要位置，或者印成专门的说明文字附于包装盒内。如图8-53所示。

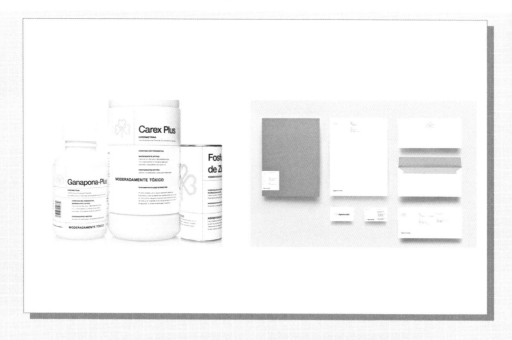

图 8-53 Agromundo 农用杀虫剂品牌包装

设 计 阐 述：Agromundo是一家总部设在墨西哥销售农用杀虫剂品牌，简单的标识采用交错的线条组成的三叶草形状图形，表现出品牌在技术方面的精通，更多的说明性文字同时印在外包装上，让消费者对产品的主要信息一目了然。

8.3.1.3 广告文字

广告文字是指包装的外立面视觉设计中，以宣传商品特色为目的的促销口号、广告语等推销性文字。简洁、生动的广告语一般也被安排在主展示面上，但视觉冲击力不能超过品牌文字，在考虑字体的性格与商品的特征相互吻合的前提下，字体的设计相对于其他文字类型可以更为灵活、多样，具有个性鲜明的形式感与美感是广告语的基本特征。如图8-54为一款比萨饼的包装设计。

图 8-54　Maestro Pizza 比萨饼传统工艺孕育新想法的包装

设计阐述：莫斯科的一家设计机构为一款意大利比萨饼设计了一个可以通过包装盒上色彩比例以及图文装饰来表现产品简单天然食物品质特征的产品包装，同时也代表了该款产品的制作手艺是一代又一代世代相传的传统做工。黑色大色块的设计创意，意在为你链接到真实深刻的实体店铺体验的感觉。

8.3.2　产品包装中文字设计原则

8.3.2.1　文字的识别性

　　文字虽然在视觉顺序上排在色彩和图形之后，但是文字的阅读一旦开始，就会在消费者和商品之间建立起一条信息通道，文字为消费者打开了解商品之门，从而左右消费者的购买选择，因此，文字内容的易读、易认、易记就显得至关重要了，尤其是针对老年人和儿童设计的产品。在满足文字基本功能的前提下，可以对字体进行适宜的美化，但切忌主次不分。主题文字应该安排在最佳视觉区域，字体放大；说明性文字的位置、大小、色彩、形状都应小于、弱于主题文字；字体的设计、选择、运用与搭配要从整体出发，有对比，有和谐，使消费者的视线能沿着一条自然、合理、通畅的流程进行阅读，达到最有效的视觉效果。如图 8-55 所示为一家美国水果公司的产品包装设计。

图 8-55　Stretch Island 水果公司品牌形象设计

设计阐述：美国Ptarmak, Inc. 设计团队通过一个好玩而且有趣的包装设计方式，让Stretch Island水果公司的产品线可以更好地展示给消费者，让消费者通过包装上透明的地方感知水果质量等级，字体在色彩、大小、风格上进行了区分，增加了视觉深度和识别性，创建了一个真正意义上的多功能设计系统，并希望呼吁消费者珍惜设计师的劳动成果，对产品包装进行二次利用。

8.3.2.2　文字与商品的统一性

文字与商品的统一就是人们常说的形式与内容的统一，字体是形式，内容是商品。商品的品牌、使用人群、包装容器的造型、色彩的不同，使不同的商品具有各自的性格特征，为了加强视觉形象的表现力，包装中的字体设计应该凸显商品的个性特征。现代字体的类型越来越多，而且表情各异，能表现商品不同的视觉感受和性格特征，从而满足商品属性的需求。

现代商品对消费者进行了较为详细的划分，有专门针对不同性别的，有专门针对老人和孩子的，文字能传递这些特殊的信息，较细的曲线形字体适合表现女性商品，简洁、粗犷的直线形字体适合表现男性商品，具有童趣特征的夸张，卡通的字体适合表现儿童类商品，稳重儒雅的字体适合表现老年商品。不同类别的商品也需用不同性格的字体传递产品的特点，如食品包装可以选用柔

润的字体，工具包装可以选用硬度感较强的字体。如图8-56所示为一款为年轻
消费者而设计的果汁包装。

设计阐述：小清
新天然果汁包装。巴
西设计师伊莎贝拉罗
德里格斯设计了一个
有趣的可收藏果汁包
装。可爱的字体与亮
丽的颜色，柔和的卡
通图像吸引了越来越
多的消费者，这些设
计使消费者感觉更年
轻、快乐。

图8-56　天然果汁包装设计

8.3.2.3　文字间的协调性

　　在同一个包装中，通常会有多种内容需要用文字去表达，因此，不同形式
和风格的字体会同时出现在一个包装画面上，如果不做好统一与协调的工作会
显得杂乱无章。汉字字体选用不宜过多，控制在3种以内为好，风格要有机统
一，每种字体在数量上有变化，字体的大小拉开适当的距离，形成对比，层次
分明，突出重点。排列具有条理性，做到无论什么内容都阅读有序，具有强烈

的整体感。

汉字与西文配合应用时，应注意找出两种文字字体间的对应关系，如宋体与罗马体、黑体与无饰线体，以求得统一感；字体大小不能只看字号，应根据实际视觉效果进行调整。如图8-57所示为一款巧克力的特色包装设计。

图 8-57　Yonder 品牌巧克力特色包装设计

设 计 阐 述：Yonder（雅迪尔）公司是一家专门从事手工制作小批量的巧克力店。除了提供种类繁多的产品，集中精力创建一些高品质食谱，还提供定制订单，以及其他各种巧克力商品。他们使用颜色来区分不同类型的巧克力，包装色调单一，但在文字内容上，文字排版大小、距离有别，形成对比，层次丰富，重点突出，但又不失整体性和协调性。

8.3.2.4　品牌文字的创新性

同类商品的竞争是激烈的，在众多品牌中脱颖而出引起消费者的关注是至关重要的。品牌名称是重要的文字信息，有创新思维的文字设计是达到这一目的的有利手段，通过图形化可以使包装的品牌文字具有独特、鲜明的个性和较强的视觉冲击力，增加消费者的阅读兴趣，加快被识别的速度，并容易形成记忆，但是，识别性低的字体设计会造成阅读障碍，影响销售，因此要尽量避免。

如图8-58所示为2017年第54届金马奖颁奖典礼主视觉标志设计。设计者为曾为金钟奖、金曲奖规划视觉的设计师方序中，设计灵感来自于中国香港导演王家卫20年前荣获坎城影展最佳导演的《春光乍泄》。

图 8-58　第 54 届金马奖颁奖典礼主视觉标志

设计阐述：以布幕的各种形貌从平整的、曲线的、放射开展等组合为抽象又优雅的"54"符号，设计师认为标志设计是来自脚踏实地的真实记忆，也是对大众的温柔提醒。

妮维雅的全新流线型标志是设计师Yves Béhar 以妮维雅润肤露的传统锡瓶盖为灵感创新而得。Yves Béhar及其团队在过去两年半来多次往返于德国和美国，与Beiersdorf 供应链、销售和包装等部门商讨妮维雅的革新事宜，共同设计出更加紧凑、使用更少运输材料的优化产品包装。Beiersdorf 称为迎合集团2020年可持续发展计划的目标，新包装变得更加绿色环保，不仅可以循环再用，更减少使用了15%的包装材料和23%的标签材料，从而在运输过程中减少使用逾1.2万个运输货盘，每年二氧化碳排放量可降低585吨。维雅将在2015年前逐渐对其超过1,600个库存单位的产品线更换包装。

Ralph Gusko 称以上环保措施不仅节省成本，而且对新兴市场更有吸引力，在2015年新兴市场会占据品牌50%的销售额度。

8.4　版式设计

图形、文字、色彩等设计要素，经过不同的版面编排设计，可以产生完全不同的风格特点，依据设计主题的要求，三要素共同作用于整体形象。包装设计中的编排设计需要遵循一定的原则，掌握一定的方法。

8.4.1　产品包装版面编排设计原则

8.4.1.1　整体性原则

编排的目的是处理好包装容器表面各个要素之间的主次关系和秩序，使其具有整体性，包装设计的形式美感建立在这一基础上，同时也是编排的基本任务。

在单个包装的编排设计中，首先要考虑主次关系和秩序的协调。主展示面是表现主体形象的地方，可以包含品牌名称、标准图形、宣传语，说明性文字安排在其他展示面上。主展示面除了突出主体形象外，还需考虑主次各面中设计要素之间的对比，如果主展示面上的信息、图形需要在次展示面上重复出现，那么均不可大于主展示面上的形象，以免破坏整体的统一。秩序是对各设计要素所占位置的协调，使之产生有机的联系，从而更好地体现主次设计的一体化，产生统一的形式美感。

系列包装的整体性体现在包装个体之间的关联上。虽然同一个系列的包装设计中，设计区域和材料不同，但设计师应主动寻找各设计元素之间的排列特点和表现手法，找出需要突出的共性信息，进行统一表现，形成关联。在不破坏单体造型自身完整性的前提下，系列商品的设计相互间形成整体、一致的效果。

例如，系列设计中色彩的纯度或明度不变，色相改变；品牌文字和品牌图形位置不变，大小、色彩不变，装饰图形的位置和大小不变、内容改变；字体的选用风格一致；排列秩序、样式装饰手法不变；这样通过局部形象的变化，形成具有强烈关联的、统一又变化的、规范化的包装设计形式，提高商品形象的视觉冲击力和记忆力，强化视觉识别效果。

包装整体性也可以通过图形的连贯产生，主次各面或部分面的图形是连续的，也叫跨面设计，几个单体的包装在商品陈列中并置展示时，能扩大展示的宣传力度，增加视觉冲击力，产生意想不到的效果，同时具有很强的整体性。当然，跨面设计不仅要考虑多个面的组合效果，也要考虑每个立面的相对独立性。

8.4.1.2 差异性原则

差异性原则通过改变造型和对设计元素的编排突破来完成。包装本身独特的造型给包装设计的差异性提供了土壤，造型的改变赋予包装与众不同的编排区域，如不规则的立面，阅读元素的跨面等形成别致、具有个性构成风格的样式。设计元素的编排突破，通常需要广泛的素材积累，对民间的、民族的、传统的、时尚的等各种设计风格兼容并蓄、融会贯通，做到综合、创新地利用，与同类产品形成一定的差异。如图8-59所示为雀巢巧克力特色包装设计。

图 8-59　雀巢 Sixes 巧克力盒独特色彩包装设计

设计阐述：雀巢Sixes巧克力盒设计选择了六种颜色，每一个独特的色彩代表一个味道，辣椒——红，薄荷——绿，用明亮的色彩来吸引和感染大众消费。设计融合了不同元素颜色、味道、质地和形状，包装盒上的颜色和纹理都是独一无二的，能在商品货架上脱颖而出。

8.4.1.3 有序性原则

有序性原则是指编排对消费者的阅读能起到引导作用，给消费者提供合理的阅读次序。包装设计中各设计元素的面积、色彩对比度不能完全一样，品牌字体、广告文字、说明文字应有大小、形状等方面的区别，根据实际需求进行区别化的处理，才能符合"大统一，小对比"的基本要求，因为消费者总是从醒目的图形和较大的文字开始阅读，形成先大后小，先醒目后一般，从上到下、从左到右的视觉流程，例如，大小、面积、色彩、形状以及内容的区别使用，使包装设计的有序性得以完美体现。如图8-60所示为英国知名薯片品牌Seabrook新标志与包装设计。

（a）新旧标志对比

（b）2017年新包装

图 8-60　英国知名薯片品牌 Seabrook 新标志与包装设计

设 计 阐 述： 优化后的标志去除了文字底部的投影效果，增大了文字与描边之间的空间，同时还增加了多种颜色来应对不同口味的薯片产品，提升了整个标志的识别性。全新的包装以活泼的条纹为主，这些条纹取自薯片上的条纹压痕，表现出"脆"的概念，根据风味的不同来改变条纹和标志的颜色。

8.4.2　产品包装设计元素的编排

8.4.2.1　图形与文字的编排

在商品的包装设计中，图形与文字并置共存，它们的关系就像舌头和牙齿，协调好了相安无事，还互相受益；协调不好就会打上一架。图形与文字的编排，不能笼统地把图形一方或者文字一方定为居于主要位置的一方，要根据实际需要来分清主次，然后决定怎样突出主要的方面、减弱次要的东西，避免视觉混乱。通常情况下图形的视觉冲击力较强，容易吸引消费者的视觉，尤其是大面积图形，所以图形在很多情况下都会居于主要地位，但这并不表示文字不能居于主要的位置，文字可以成为主要表现对象，只是首先要扩大文字的面积，缩小图形的面积，因为面积比决定了画面的视觉效果；然后削弱色彩对比度，使图形向后退，从而突出文字，如果同时加大文字色彩的对比度，效果更佳。文字与图形的关系可以不断地变化，图文排列多种多样，具体的商品属性，不同的画面要求，设计师根据经验采用不同的应对方法以达到最佳的视觉传达效果。图 8-61 所示为一款巧克力的包装设计。

设计阐述：美国佛罗里达州的平面设计师Clarke Harris设计了这款商品包装，Pono是一个真实反映夏威夷地理信息的符号。该品牌在视觉上尽量夸大了这些符号在包装上面的象征意义，但是又不同于陈词滥调！

图 8-61　热带风情 Pono 夏威夷巧克力包装

8.4.2.2　空间

　　中国书法和绘画中很讲究"留白"，"留白"即给画面空出一定的空间，恰当的空间使画面更灵动，给受众预留了遐想的余地，现代设计中"少即是多"的思想也与其契合。图形、文字与空间是一种实与虚的对比关系，图形和文字是实，空间是虚，它们相辅相成，相互对比、相互衬托，共同营造商品包装的设计风格。心理学实验证明，画面中空白占60%时，受众的视线更加集中，阅读效果更好。鉴于此，为了更好地突出设计理念，在包装设计时一定要在画面中留下适当的空间，即使是在阅读时间非常短暂的情况下，也要给消费者创造较为休闲的阅读环境。更何况现代社会生活节奏很快，消费者大多追求简约的设计风格，给设计画面留空也成为时代和社会的需求。如图8-62所示为一款男士护肤品的简约包装设计。

图 8-62　Infinity 品牌男士护肤系列包装

　　设计阐述：Infinity品牌男士护肤系列是Giorgio Armani的一个子品牌，为了吸引年轻男性消费者，一个光滑的黑色瓶和不同的饰面被用于排版。而基于排版的包装保持线路的编号系统，外观设计简约是要传达一种就像一辆新车的自信和性感的感觉。

8.4.2.3　包装层面

　　市场上很多商品都具有内外多层包装，两重包装最为多见，如化妆品、食品、日用品、酒、药品等，一般有塑料瓶、塑料袋、纸袋、玻璃瓶、压塑铝和长方体的纸质外盒；如果是礼品包装，包装层次更多、更加复杂，有的包装可能多达4层。多重包装的设计中要面对不同造型、尺寸的设计区域，兼顾不同材质工艺处理方面的特性，因此视觉统一主要通过统一编排格式、统一设计元素的使用及协调不同材质的配合关系来实施。

　　综上所述，产品包装设计中的各个元素都要从信息表现、信息传达的角度进行恰当的编排，促使消费者在购买商品时产生相应的视觉判断和购买欲望，这也是设计在商品竞争中的作用。

第 9 章

包装设计
——创新理念

9.1　交互式包装设计

9.1.1　交互式包装兴起的背景

交互，顾名思义，交流互动的意思，我们生活的社会交互无处不在，离开了交流互动寸步难行。

以我们一天普通得不能再普通的生活、休闲、工作为例，清晨被闹钟或手机的铃声叫起，起床洗漱蹲厕所，男人剃须女人化妆，钻进厨房做个简单又营养的早饭，然后拎包坐公交挤地铁或走路或开车，进了公司刷卡上班，打开电脑使用各种应用处理一堆的文件资料，与上司、同事交流工作上的不同观点……使用网站、软件、消费产品、各种服务的时候，实际上就是在同它们交互。例如，每次拿到新买的产品快递，首先与我们发生交互的就是产品的包装——看到包装、打开包装后才能看到产品。我们一天当中不知道与多少的产品或服务在发生着这种关系，使用过程中的感觉就是一种交互体验。

随着现代社会的发展，传播媒介的更新速度已经大大超越了人们的想象，使得信息在传播中人的因素发挥的作用越来越大，以前消费者的地位处于被接受的状态，无法与产品之间做到直接的交流，而如今，随着高科技的应用与传播，使得人与物之间的交流成为双向的，直接的。在整个信息传播的过程中，人不仅仅处在接受者的状态，而且处于参与者的状态。这样通过产品这个媒介能将传播者和接受者之间的交流变得直接和频繁，相互影响和相互作用。

近年来，某种产品之所以能引起消费者的注意和消费者的忠诚度，绝大部分取决于它的外包装，所以有效地改进产品的外包装和外包装的特性，才能给产品带来活力。

近年来，包装领域的新的概念——交互式包装，在这种激烈的竞争中应运而生。"交互式包装设计"为包装设计提出了一种新的设计角度，交互式包装设计目的是在于为人与产品之间建立起一种新的沟通渠道。使产品与人之间形成一种新的交流模式，这也是未来发展的需要。

9.1.2　交互式包装的类型

"交互式包装设计"包括功能包装，感觉包装和智能包装，这一新的概念的产生，已经超出了单纯的印刷图像的范畴，而是成为了产品的一部分，甚至于产品的本身。这种包装能给消费者带来强烈的互动感，这样就刺激了消费者的消费欲望，所以这也能给企业带来可观的利润，现在在市面上可以看到一些这样的包装，如带有气味的包装，带有纹理质感的包装。在包装不断多样化的同时，交互式包装又给包装领域注入新鲜的血液。

9.1.2.1　功能型包装

功能型包装是一种解决产品相关问题的包装。一个功能包装的例子就是罐头的真空包装盒，应用这样的包装可以使易于变坏的产品能在货架上保持更长的时间，例如，罐头在真空状态时，盖子上的小按钮是不会弹起的，一旦漏气了，盖子上的小按钮便会弹起，提醒消费者不要购买。还有一种功能型的包装是通过某些配件改善包装本身的缺陷，如在包装盒的封口处加上排空气和气味的装置，这样的包装加附件同样可以延长产品的保质期限。功能型包装可以有效地延长产品的保质期限，起到保持的作用。下面介绍几种功能型包装设计实例。

如图9-1所示，某台湾设计团队围绕着"吃一颗好蛋，就像呼吸一口新鲜空气"的理念设计了一系列独特的包装。品牌鸡蛋来自彰化及南投的农场，两个农场都以放养的形式养殖，里面的鸡群都可以自由自在徜徉在大地上、食用天然饲料成长，从而诞下一颗颗更美味健康的放养蛋。

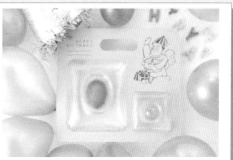

图 9-1　空气式鸡蛋防撞包装

设 计 阐 述：设计团队用透明的 PVC 材料设计包装、以取代传统的涂布纸，中空的材料中间注满空气，这不仅蕴含了品牌中自由空气的概念，同时也起到缓冲作用，防止碰撞。

再如图9-2所示，喜欢喝咖啡的人经常会遇到每次冲完咖啡都发现没带勺子的情况，甚是烦恼。设计师在咖啡袋 COFFINGER 包装尾部预留了一个手指的空当，倒出咖啡后，用食指将包装翻过去，用咖啡袋内侧搅拌咖啡。

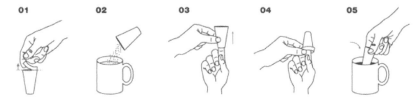

图 9-2 咖啡袋变身咖啡勺包装

再如图9-3所示，针对麦当劳糟糕的外带体验，设计师为喜欢这种快餐的大人和孩子们想出了一个简单、聪明的包装解决方案。

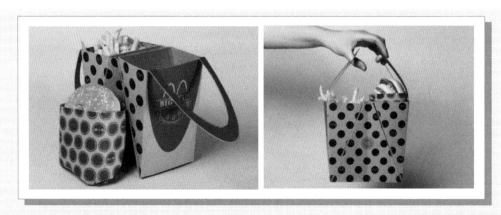

图9-3 麦当劳手提外卖包装

设计阐述：这种兜、包、袋三用的包装形式，让顾客们可以把它对折起来，用手拎走，无论是坐在车里还是桌边，都能随时随地轻松享用。这种一次性冲切出来的包装可以让薯条汉堡两者兼得，紧紧地塞在两边为其量身定制的"容器"里。这种从方形转变为楔形的无缝衔接，彻底解决了在车内用餐的局促感。经过改良的图形设计印刷在采用天然回收材料制作的包装与汉堡袋上，与麦当劳现行的包装形象如出一辙。

9.1.2.2　感觉型包装

感觉型包装可以让消费者在直觉上感触的产品包装，如视觉、触觉、嗅觉等。功能型的包装主要是为了保护产品或者更长时间的保持产品的新鲜程度，从而使产品更完好地到消费者的手里。感觉型包装是从外部给消费者一种直观的感觉，通过这种直观的感觉使消费者能了解到此产品的众多主要的信息，如气味，外包装的机理效果和包装上面的图案视觉效果。比如说，一些食品产品的外包装通过食品的气味来吸引顾客，如烤面包，烤肉，爆米花等可以提取气味的食品，有的是直接通过食品散发出来，这种食品一般是即买即食的食品，还有一种是将食品的气味提取，以特殊的材料涂抹在食品的外包装上，这样里面的食品将完好地保存，顾客还能通过外包装感受到食品的美味。还有一种包装是可口可乐公司的一种促销装，它的中奖信息在包装瓶环形广告内部，消费者只有购买后将可乐喝完一半的时候才能透过瓶身看到环形广告内部的中奖信息。利用这种包装来进行促销，激发了消费者的消费欲望，又刺激了产品的销量。

如图9-4所示，拥有不同"肤色"的创意可乐包装。为反对种族歧视和庆祝种族多样性，德国汉堡企业家 Aydin Umutlu 开发出一系列无酒精饮品，用饮料的形式，发表倡导社会宽容的日常宣言。

图9-4　不同"肤色"的创意可乐包装

设计阐述：设计师别出心裁，为该可乐饮品开发出六种不同"肤色"的包装，而实际上不同包装中盛装的饮料口味毫无区别。全世界的人类就和这些饮料一样，外表看似不同，但内在却完全相同。

该饮品和包装设计以一种讽刺与幽默的方式，对社会中存在的偏见与陈词滥调进行回应，共同宣传产品的口号：为宽容干杯。

再如图9-5所示，俄罗斯的产品设计师Neretin Stas为一家化妆品与护肤产品品牌设计了一种感觉型包装。

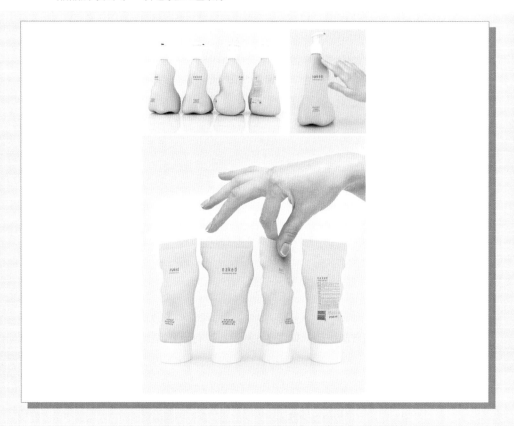

图9-5　护肤品包装

设计阐述：这些容器清楚地反映出了它们的主要用途，裸露地站在使用者面前，稚嫩的肤色与柔和的曲线像极了人类的身体。当人们接触到这些包装的时候，在发生接触的位置会发生细微的变化，右侧会发光变色，这是因为包装的表面涂有遇热变色的涂漆，使其对热更加敏感，同时也反映了人类的接触。

这套产品包装能够将感受到的羞怯与愉快清楚地表现出来，展示出了亲昵的创意概念。就像设计师Neretin Stas说的那样——"请对这款包装温柔一点儿，它真的很害羞。"

9.1.2.3　智能型包装

智能包装可以在包装的内部包含大量的产品信息，它将标记和监控系统结合起来形成一套扩展跟踪系统，用以检查产品的数据。监控的序列号或者科技含量更高的电子芯片嵌入在产品的内部，使其产生更高级，更具精确度的跟踪信息。智能包装通过内部的传感元件或高级的条形码，序列号以及商标信息，并利用感觉包装和功能包装的原理来跟踪和监控产品。比如说，在运输水果或者海产品的时候，运输过程中，由于运输条件，温度气候条件，难免会使有些产品变质，如果在运输的时候使用功能型包装，可以防止其变质，但这只能说防止其变质的可能性大大降低，对于有些不可避免的损害，如果单纯地用保护型的包装，内部损害了，但外部看不见，这使消费者和商家都会损失，所以在这类产品运输时加上智能化的监控系统会更好，如在包装内部加个温度感应或者小型细菌数量检测器，通过显示屏在外部呈现出来，这样如果包装完好而内部的产品变质损害了，通过外部的这个显示屏就能显示出来。这样能及时地停止该产品的销售。当然这种包装还是极少数，造价较高，但是随着科技进步慢慢会实现的。目前，市场上这种跟踪的产品包装比较多地运用在数码产品领域。就像苹果公司的iPhone，号称不会丢的手机，主要是因为这手机内部安装了卫星定位装置，不论在手机开关机，有无电池的时候都能正常运行，用户只需要一个配套的产品序列号和密码就能查询到手机的位置，这算得上我们生活中比较高端的跟踪式包装。还有就是品牌手机的售后，以往手机坏了，去维修点维修都要出示保修卡、发票证明等单据，而现在不论你在哪买的手机，只要拿着手机去就行了，根据你手机内的序列号，在维修点就可以准确地查到你手机的各项信息，更加方便快捷。如图9-6所示，具有新鲜度指标的肉品包装。

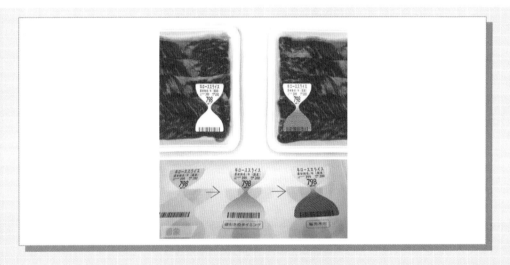

图9-6　具有新鲜度指标的肉品包装

设 计 阐 述：随着新鲜度的流失，上面的漏斗标签颜色也会随之加深，就算是买菜新手，也不用担心买到不新鲜的肉。（中间贴纸表示"是时候特价了"，到了最右边则是"不适合购买应即下架"）

Chapter 09

再如图9-7所示，"自动过期"的药物包装设计。吃药治病本是好事，可万一食用了过期的药物后果可是不堪设想。

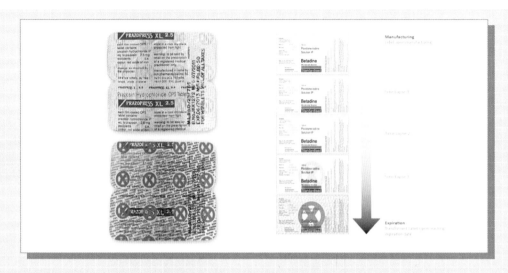

图 9-7 "自动过期"的药物包装

设计阐述：一个自动警示药物过期的概念型包装，即在药物包装上设置多层渗透层，随着时间的流逝印在最表层的油墨会逐渐向下渗，最终显示出危险的警示符号，以防意外事故的发生。

9.2 视错觉包装设计

生活中，我们常说：耳听为虚，眼见为实。然而，心理学研究却表明：眼睛也常常会欺骗我们，亲眼所见的并非都是事物的本质或真相。这种奇特的现象，心理学称之为视错觉。

视错觉就是当人观察物体时，基于经验主义或不当的参照形成的错误的判断和感知，是指观察者在客观因素干扰下或者自身的心理因素支配下，对图形产生与客观事实不相符的错误的感觉。

伴随着经济的快速发展，人们的消费水平不断提高，消费心理发生较大的变化，对产品的包装提出了更高的要求，包装设计不仅仅是保护商品、方便运输等功能，更加注重包装的附加值，充分体现出了新时期人们的消费新动向，因此，设计师需要寻找新的设计语言，来提升包装设计新形象。视错觉作为一种新的视觉表现形式，在包装设计中科学合理使用，能够吸引消费者的眼球，使包装设计变得更加丰富多彩，提升品牌形象，增强品牌竞争力。

9.2.1　视错觉与容器造型

在实际生活中，由于环境、光线等方面的影响，加上人类本身的心理和生理的变化，人们会对事物产生不同的看法，形成不同的视觉影像。例如，同样长短的线段，在线段的两端添加不同的箭头，就会让人产生线段长度不一样的错觉。在包装设计中，容器造型是包装设计的一个重要方面，视错觉产生的影响更大，将视错觉合理的运用到容器造型中，科学利用视错觉，设计出有创意的容器造型。在容器造型设计中应该打破传统的思维定式，发掘新的设计方式，给大家一种全新的视觉感受，增加作品的创造力。

（1）用纵向分割视错觉，加强低矮包装容器的高度感

在箱式容器的主要展示面上，以子母线或其他竖线分割平面，使箱体的高度感更加强烈。男士用品包装多采用竖式分割，竖线排列以增加高度感和挺拔感（如图9-8所示）。

图9-8　某品牌谷物包装设计

（2）用横向分割视错觉，加强高窄包装容器的稳定感

箱体表面上以三条左右的横向线分割，可加强其稳定，如大容量冰箱用箱门横向分割线增加稳定感。高的瓶型纹饰多横向分割，瓶帖多采横帖增加稳定感（如图9-9所示）。

图 9-9　墨西哥龙舌兰酒包装设计

（3）用圆角过渡，达到减薄的视错觉

　　瓶、罐底部圆角过渡，使人产生此处壁薄的错觉，而具有轻巧感。近乎方形的容器盖和底部都采用不同的圆角，增加灵秀感（如图9-10所示）。

图 9-10　俄罗斯伏特加酒包装设计

（4）用横向分割视错觉，改变包装容器高度比例关系

　　在较厚的纸盒包装造型上，往往都采用条带分割，来减轻视觉上的笨重感。

　　另外，可以采用以下几个方法进行形态的调整。

　　①　直线内凹的矫正　图形内框呈外凸的弧线，可使外框免于产生内凹的错觉。

　　②　球形容器切割后瘫软的矫正　将球体上移，并使底部弧线适当调直，而显得球体丰满、挺拔。

③ 黑白面积不等的矫正　必须使黑色或深色的部分尺寸大些，才能达到等大的视觉效果。

④ 细长物腰部凹陷的矫正　细长瓶腰部应略呈腰鼓形，以矫正凹陷、干瘪的错觉，而达到丰满、挺拔的视觉效果。

9.2.2　视错觉与色彩

色彩是包装设计中的重要元素，色彩在包装设计中具有强烈的视觉感召力和表现力。人的视觉对于色彩的特殊敏感性，决定了色彩在包装设计中的重要价值。色彩设计要充分发挥色彩的艺术魅力，设计师应该充分了解色彩的特性，掌握人们欣赏色彩的心理规律，合理地使用色彩美化人们的生活。设计师通过色彩表达设计意念，色彩视错觉在包装设计中有着不可替代的作用。充分发挥色彩视错觉在包装设计中的魅力，就需要掌握色彩视错觉的基本规律。在一定的条件下，人们对色彩产生一种和客观事物不一致的直觉，这是一种有着固定倾向规律的直觉，巧妙利用这种现象，就可以给包装作品带来更多活力，激发消费者包装产品的共鸣，激发消费者的购买欲望，达到很好的促销目的。在包装设计中经常会用到以下几种色彩视错觉。

9.2.2.1　色彩对比视错觉

对比视错觉是指观察者在相同的时间、空间内对客观的物体与感知的物体间色彩大小、深浅等方面的差异。具体来说，人的眼睛在观察物体时受到不同颜色的刺激后，使物体的颜色与刺激的颜色相互作用，两者间的冲突和干扰会造成物体的颜色发生某些变化，呈现不一样的效果。伊顿指出，"这种在相同时间内出现的色彩，绝非是物体客观存在的。而只是发生于眼睛之中，引起一种兴奋的感情和强度不断变化的充满活力的频动。"同时，他还认为"色彩美学的研究者通常会把色彩对比后呈现出来的视觉效果及其机理关系作为研究时的一个出发点。"

把明度不同的物体放在一起观察时，则会发现颜色鲜亮的物体愈发鲜亮，颜色灰暗的物体愈发灰暗，这是由于颜色的对比性发生了作用。对比色具有双重性格，如红、黄、蓝小色块相互间隔地排列成一个方阵，因为相互之间受到影响，会让人感觉颜色的色相发生了变化。另外，同一颜色的明暗关系与周围环境颜色的影响也有很大的关系。在白色的背景当中，颜色越深感觉物体的面积越小。比如，我们生活中常见的一种现象，灯光在阳光或强烈的光源下其亮度不明显或感觉不到它的存在，在黑夜或黑暗环境里越发显得明亮。

如图9-11所示，雪恩化妆品包装盒的设计，色彩搭配上小面积的浅蓝色水墨在瓶身的大面积白色的衬托下显得自然和谐，充满干净纯洁感，再配上包装盒中间的图案，一幅幅画面犹如鱼儿在水中游，鹿和羊飞奔在云天之际。

图9-11　雪恩化妆品包装盒设计

9.2.2.2　色彩温度视错觉

人们看到色彩后加入自身的一些联想，如在中国，红色象征着喜庆、欢乐，在重大节庆期间经常能见到红色，红色给人一种暖和的感觉，而蓝色、绿色是冷色调，给人一种寒冷的感觉，同时蓝色容易让人联想到大海、蓝天，给人一种清凉、宁静的感觉，所以在科技类的包装中经常采用蓝色，象征着科技的严谨性。

如图9-12所示，蜂窝包装盒设计，由粗麻绳贯穿6个木质环而成，为产品塑造出一种天然、原生态和口感醇正的形象，给人温暖、柔和、自然的感觉。

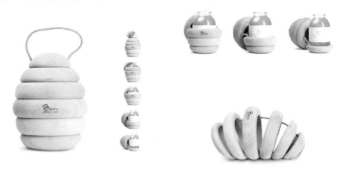

图9-12　蜂窝包装盒设计

9.2.2.3　色彩重量视错觉

同样的一个物体，涂上不同的颜色给我们不同的重量感，白色让人们想到天空中的白云，给人一种轻飘的感觉，黑色则会给人一种厚重、下沉的感觉。如图9-13所示的百事可乐黑包装与图9-14所示的南非杜松子酒的透明包装给人不同的重量感。再比如经常说到的一个例子，10斤棉花和10斤铁哪个重，人们都很自然地想到铁重，因为铁的颜色就给我们一种压抑、沉重的感觉，事实上，同样都是十斤的东西，自然重量是一样的。

图 9-13　百事可乐黑包装　　　　图 9-14　南非杜松子酒

9.2.2.4　色彩软硬视错觉

在色彩的感觉中，有柔软和坚硬之分，它主要与色彩的明度和纯度有关。高明度、低纯度的颜色倾向于柔软，如米黄、奶白、柠檬黄、粉红、浅紫、淡蓝等粉彩色系；低明度、高纯度的颜色显得坚硬，如黑、蓝黑、熟褐等。从色调上看，对比强的色调具有硬感，对比弱的色调具有软感；暖色系具有柔软感，冷色系具有坚硬感。

如图9-15所示为Allyson Soap女性护肤品香皂包装设计。高明度、低纯度的白色、粉色与蓝色给人柔软的感觉，柔和的色彩、笔触纹理，突出了女性化产品的特色。

图 9-15　Allyson Soap 女性护肤品香皂包装

9.2.2.5　色彩面积视错觉

色彩具有膨胀或者冷缩的感觉，暖色调具有视觉扩张感，冷色调则具有收缩的感觉，同样面积的红色块和黑色块相比较，感觉上认为红色块比黑色块要大。歌德在《论颜色的科学》一文中指出："两个圆点同样面积大小，在白色背景上的圆黑点比黑色背景上的白圆点要小五分之一。"

如图9-16所示为君山银针包装设计。白绿色渐变设计，让人想到浮起的茶叶。白色给人膨胀的感觉，而绿色则给人收缩感，上下一般粗的罐子，顶部看起来比底部要细些。

图 9-16　君山银针包装设计

9.2.2.6　色彩味道视错觉

色彩的感官错觉可以营造出不同味道的感受，这种错觉也是由于人们的心理联想而产生的，橘黄色、粉色多表示香甜口味的食品，而灰褐色、黑色调经常用来表达苦涩的味道（如图9-17所示），红色容易想到辣椒，表达辣口味的食品，淡蓝色的包装给人一种纯净的感觉，经常应用于矿泉水、化妆品的包装中。

图 9-17　老牌黑松沙士 2017 年包装设计

9.2.2.7 色彩前进与后退视错觉

色彩的距离感与明度和纯度有关。明度和纯度高的色彩具有膨胀的感觉，显得比低明度、低纯度的色彩大，因此具有前进感；相反，明度低、纯度低的色彩具有后退感；暖色有前进感，冷色有后退感。色彩的前进与后退感，可在一定程度上改变空间尺度、比例、分隔，改善空间效果，如图9-18所示西西里Alivu橄榄油包装设计。

图 9-18　西西里 Alivu 橄榄油设计

9.2.2.8 色彩兴奋与沉静视错觉

色彩的兴奋与沉静和色彩的冷暖有关，红、橙、黄等暖色给人兴奋感；蓝绿、蓝、蓝紫等冷色给人沉静感，中性的绿和紫既没有兴奋感也没有沉静感。此外，明度和纯度越高，兴奋感越强。

如图9-19所示的TUT NU坚果油包装，每种口味都可以通过产品的颜色进行区分，明亮的色调给人活泼、兴奋的感觉，让人胃口大增。

图 9-19　TUT NU 坚果油包装

9.2.2.9　色彩听觉视错觉

"绘画是无声的诗，音乐是有声的画"，视觉的享受可以使人联想到流淌的音乐，听觉可以使人联想到斑斓的色彩，甚至一幅幅优美的画面，色彩与音乐相辅、相生、共通。"听音有色、看色有音"，是对视觉与听觉的最好描述。

如图9-20所示为爱尔兰Method and Madness威士忌包装设计。瓶子的八角形被设计成折射反光，在瓶子中产生一种万花筒的图案。低纯度、低明度的色彩体现出优雅的质感，配合极简的图案设计，给人新鲜有趣、时髦和高端感，似乎听到了威士忌倒出时发出"汩汩"的声音。

图9-20　爱尔兰 Method and Madness 威士忌包装设计

9.2.3　视错觉与图形

视错觉图形种类繁多，将视错觉图形运用到包装设计中，给包装注入新的活力。

9.2.3.1　图底反转图形

图底反转视错觉图形主要是利用图和底的互换，用图来强调底，用底来衬托图，图是主题，较为突出，让人一眼就能看出全部轮廓，底是辅助，较为靠后，但是不容易被人发现，容易被忽略。当把图和底的关系互换之后，图和底都具有了吸引人注意的特点，此时图和底就处于同样的位置上，互相衬托，互相依靠，缺一不可，产生一种虚实结合、互相补充的效果，给人一种耳目一新的感觉，增加画面的趣味感。

如图9-21所示，湖南工业大学汪田明教授设计的归安德化黑茶包装就是图底转换的一种体现。不仅如此，里面的产品同样采用太极图的形式，与外包装相呼应。

图9-21　归安德化黑茶包装设计

9.2.3.2　共生图形

共生图形是指图形与图形间能够相互生成、相互依托、相互利用，把图形共用的部分去掉，所有图形则会变得不完整。共生图形起源很早，我国对共生图形的利用在原始时期就已经开始了。如那个时期在彩陶中起装饰作用的几何纹样就是利用共生关系制作的。这些图形打破了常规的思维方式，通过虚构与联想、变形与夸张、矛盾与运动的创作手法，设计出两个图形或多个图形相互依存的巧妙空间，丰富人们视觉资源。共生图形形式表现多样，按照其特征一般分为以下四种。

（1）完全共生图形

完全共生图形指的是一个单独的图形从不同的角度观察时，这个图形会变成另一个完整的图形，两个图形完全共用，只不过是视角有变化，视觉效果非常神奇。这种奇妙的现象主要是让观察者通过上下、左右、倾斜等不同的视角观察物体时，使其视觉认知上产生恍然大悟的错觉。其实，这种现象在日常生活中普遍存在，即使是人们身边司空见惯的物体，将其旋转方向或转换视角也能够让人获取不一样的视觉信息。如图9-22所示，反过来就是这个年轻人老了的样子。

图9-22　完全共生图形

如图9-23所示，Trident Xtra Care无糖口香糖包装，俏皮的嘴唇图片印刷在包装上，透明窗口露出里面洁白的口香糖和粉色内板，从而代表健康牙齿和牙龈，也直接体现了产品本身的主要卖点是"保护牙齿"。单独看是两个无关联的图案，合起来又可以作为一个新的有趣的、传达产品卖点的图案，给人一种意想不到的视觉效果。

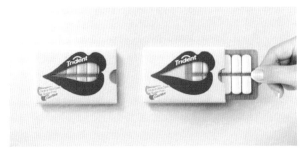

图9-23　Trident Xtra Care 无糖口香糖包装

（2）局部共生图形

局部（含轮廓）共生图形，是指图形的某一部分（轮廓或形状）和其他图形共用，形成的富有趣味的图形。我国传统图案中"三兔争耳"、"四喜人"等均是局部共生图形的典型作品。

局部共生图形主要运用到图形、图案设计。如图9-24所示，是中国传统图案"四喜人"。"四喜人"是一种民间美术造型，它的造型采用的就是局部共生原理，它是利用形与形的部分重合和借用来造型。四喜具体是象征人生四大喜事：一为久旱逢甘霖；二为他乡遇故知；三为洞房花烛夜；四为金榜题名时。四喜人图案以两儿童相互颠倒组成，巧合成四孩童的效果，故名"四喜娃娃"、"四喜人"。寓意吉祥如意，美好幸福。四喜人材质也不尽相同，有青铜、玉、木材等。"四喜人"的造型体现了中国传统文化的博大精深，深受人们喜爱。

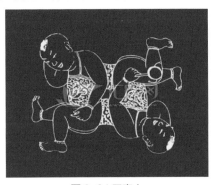

图9-24 四喜人

如图9-25所示，可口可乐包装设计中，把杯子的图形作为画面的主要图像，在陈列售卖的时候将两包装盒并在一起就能够拼出一个完整的杯子图案。

图9-25　可口可乐包装设计

（3）寄居共生图形

寄居共生图形是指很多个小图形寄居在一个大图形当中，而这些小图形又是大图形的局部。大图形是寄居共生图形的主体部分，小图形则是局部构成。人视觉感知的第一个对象为大图形，经过进一步地仔细观察，小图形才会慢慢呈现出来，如图9-26所示的寄居共生图形——看看能找到几张脸。

图9-26　寄居共生图形——看看能找到几张脸

在包装设计中运用视错觉共生图形的构形手法，可以表现一种不同寻常的创意，达到"亦彼亦此"的神秘感。如图9-27所示，HONEY自然概念蜂蜜包装设计，容器采用单个蜂巢的造型，在陈列展示的时候把产品有次序地摆放，能形成强大的视觉效果，像是真正的蜂巢，设计又贴合产品的本意。

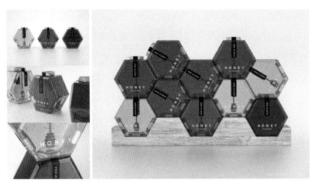

图 9-27　HONEY 自然概念蜂蜜包装设计

（4）不完全图形

不完全图形是指人们利用视觉有闭合倾向的原理，通过省略、模糊、变形、夸张、分裂、暗示、遮盖、变形等手法对图形进行有目的地处理。人们在知觉感应中，其记忆、经验、知识会对不完整的对象加以修补，使其具有完整性。

在设计中应用不完全图形视错觉原理，容易引起人们更多的兴趣和思考。如图9-28所示的迪士尼版可口可乐包装设计，简洁而提炼的卡通形象、配以鲜明的配色，让这些原本就熟知的角色既熟悉而传神，又带来了新的感觉。

图 9-28　迪士尼版可口可乐包装设计

"艺术家通过设计的语言把不完全的图形以更震撼的视觉效果或更有意味的形式呈现，可以体现一个艺术家真正的创造力。"可见，与普通图形相比较而言，不完全图形不仅能够吸引人们的注意力，还能使人们积极地、主动地组织、辨认图形。在设计中应用不完全图形，设计也变得不再枯燥、平直、单板、乏味。

9.2.3.3　同构图形

同构是一种映射，具体而言，是把需要表达的意义和目的通过运用人们所熟悉的事物形象以艺术的形式呈现出来。这种形式是通过对象之间存在某种相似或内在联系取得的。这种相似性和内在联系是心理上的、视觉上的、知识上的、经验上的，最终使图形相互转化、相互而生、相交而成。如图9-29所示的一个预防啃咬手指的药品手提袋设计，设计师将手提袋整体设计出一个人张嘴的图案，手提袋的手提周围是人张开的嘴巴，当人们用手提手提袋的时候，正好手放进了嘴巴里，正好与产品的寓意不谋而合。

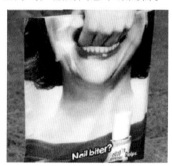

图9-29　预防啃咬手指的药品手提袋设计

同构图形以强烈的视觉反差给人们呈现奇特、轰动的视觉效应和心理感受。其通常有三种表现形式：异形同构、异质同构、置换同构。

（1）异形同构

利用物象之间相似的因素来设计图形是异形同构的表现手法。异形同构能够使两个或多个不同的物象在视觉上、心理上联系起来，使客观世界中不可能存在的现象在图形中变成可能。

如图9-30所示，面条跟头发似乎是八竿子打不着的两种东西，但设计师将它们别出心裁地画上了等号。先是在整体上采用了简洁直观的白色包装盒，然后勾勒出了简单的女性面孔，而透明视窗则变成了三种不同形状的轮廓，在面孔与轮廓的衬托下，宽面、意大利面条和螺旋形面团三种不同形状的面条，就巧妙地变成了三种不同"发型"。

图9-30　面条包装设计

（2）异质同构

异质同构是指物体原有的质感发生了变化，使原来的形象因为材质发生了变化变得奇异、有趣。利用异质同构的手法对没有新鲜感或失去兴趣的物体进行质地改变，这样可以唤起人们对物体新的感觉，产生强烈的震撼感与不可思议的视觉效果。

在日本，很多企业和商店都会赠送各种厕纸给他们的客户以示感谢。为了使这些卫生纸卷在视觉上更具吸引力，设计师创建了有趣的"水果手纸"包装，如图9-31所示，让它们看起来像极了美味多汁的水果，现有猕猴桃、草莓、西瓜、橙子四种可爱的款式。

图9-3,1　"水果手纸"包装设计

（3）置换同构

置换同构通常是将事物的某个特定的、有代表性的、特色的元素和不属于这个物体的某部分互换。简单地讲就是一种"偷梁换柱"的手法。这种巧妙的置换、荒谬的逻辑，可以渲染图形效果，表达对象特定的寓意，加强事物深层的含义。

如图9-32所示的Pick Your Nose创意纸杯设计，让人好像看到了被杯子遮挡的人脸部分，其实是将被遮挡的部分通过纸杯上的类似图案显现出来，但是纸杯子上的人脸部分图案要准确地对准人脸被遮挡的部分，不然这种以假乱真的错视效果不能100%地表现出来。

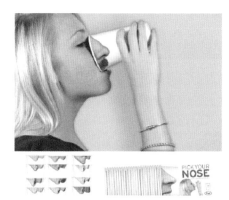

图 9-32　PickYourNose 创意纸杯设计

9.2.3.4　混维图形

混维图形是利用视错觉原理对物体的某个部分做一些特殊处理，使本来平面的立体化、立体的平面化。这种平面、多维的虚空间，主要是通过透视学原理，使画面中产生多视点、多变化，引发受众产生空间幻想或空间联想的视错觉。在视错觉图形中，为了使图形产生立体、三维、空透纵深的视觉效果，一般可以采取对比、叠加、透视、虚实等设计手法；然后借用重复、扩张、放射、线条、旋转等表现手法，能使平静、直白的画面瞬间跳跃、运动起来。由于这种变化不定的图形刺激着观察者的视网膜，使其在视觉上产生错乱，从而影响人心理的感受。

如图 9-33 所示，矿泉水的瓶贴设计，中间看似瓶子已经镂空，其实只是瓶贴中的圆形图案，只不过是使平面的图形加上阴影虚实关系，给人穿透的立体感，让观察者对产品产生好奇与兴趣。

图 9-33　矿泉水包装设计

9.2.3.5 矛盾空间图形

矛盾空间图形是一种想象的、非客观的、非常规的空间。它是利用观察者的心理设计出不符合现实的空间。通常矛盾空间图形的形成在于利用视点的交替和转换，造成空间结构混乱，形成模棱两可的视觉效果，对人的视觉形成了巨大的挑战。在现代设计中，矛盾空间因其反常、怪诞、奇趣的视效应被广泛地应用于设计中。

随着观察者知觉发生变化使原来的空间呈现相反的或不同的空间状态，出现不确定的感受。比如，某种图形在一种知觉下看起来是凸出来的，在另一种知觉下看起来是凹进去的，两种知觉的视觉效果随着视角切换不停地转换。

如图9-34所示，某品牌葡萄酒包装设计，白色曲线围成的图案给人往里凹进的错觉，粗字体与细字体相比，给人往外凸出的感觉。由此可见，矛盾空间图形非常引人注目，同时，也需要设计者从图形的空间角度进行观察和分析，对图形形态有充分的认识和理解。

图 9-34　葡萄酒包装设计

9.2.4　视错觉与文字

在包装设计中，文字是传达商品信息的，同时，也被作为一种图形符号，来提升商品的品牌形象。但是文字具有特殊性，在包装设计时不能随意修改，要根据文字特点、产品属性和环境要求综合分析。中文、英文两种字体在中国的包装设计中是应用最广的。由于二者属于不同的语系，还存在地域差异的影响，所以它们之间存在着许多的差别。汉字是象形文字，点状节奏、独立成形，每个字占用的空间均匀。而英文是表音文字，线状节奏、错落有致、块面感强。

同种语系不同字体间也有差别，如黑体是四周饱满字体，而楷体是四周占用率低的字体。宋体给人一种纤巧、俊逸的感觉，黑体给人粗壮、简洁、严谨的感觉。在设计时，前者需要更大的行距，后者可用较小的行距。还有同大小的包装容器，同净含量的商品，商品名字体大的比字体小的显得略重些。

9.2.4.1　文字形视错觉

在设计中以文字为创意的突破口，主要是借助字体形的相似性及利用人心理完形性的特点。在字体设计中利用视错觉会使字体具有"一形多义"的效果，引起受众产生多方面的心理联想。

如图9-35所示，The Deli Garage Schokoleim巧克力酱包装设计，设计师将两个O设计成两只眼睛，而且眼睛是立体突出的、可以动的。即便如此，人们也能清楚地辨认出Schokoleim单词，整个包装既突出了产品的特性，又增添了趣味性。

图9-35　The Deli Garage Schokoleim 巧克力酱包装设计

9.2.4.2　文字空间视错觉

文字设计创意的另一个突破口是空间视错觉。如果能够合理地应用、打破常规，可以呈现出乎意料的空间视觉效果，一定程度上还丰富了观察者的想象力。

在设计中应用文字视错觉还是比较广泛的。在包装设计中如果能够主动地、灵活地、有意识地、合理地利用视错觉原理，必将丰富文字的视觉形态，包装也会由平庸变突出。但是应用也要适度，因为包装设计中的文字应该具备易识别、可读性的特点。

如图9-36所示，Frappy膨化食品包装设计，在产品名的字体后面添上深颜色背景，能够使平面的字体产生三维的空间效果。

图 9-36　Frappy 膨化食品包装设计

9.2.4.3　文字图底视错觉

在文字设计中运用视错觉原理寻求创意的途径是将文字、背景互相转换。图与底的视错觉给人们提供了新的灵感和创意思路。但是在文字设计的时候，不能只考虑画面当中"图"的部分，衬托文字的空白或背景部分也应该被重视。

如图9-37所示的PAOS肥皂包装设计，看上去就像用肥皂水在玻璃上画出的纹理。

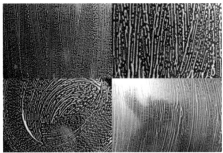

图 9-37　PAOS 肥皂包装设计

参考文献

［1］王安霞. 产品包装设计［M］. 南京：东南大学出版社，2009.

［2］赫荣定，张蔚，周胜编. 包装设计［M］. 北京：电子工业出版社，2010.

［3］庞博. 包装设计［M］. 北京：化学工业出版社，2016.

［4］凿洞偷光 纸筒秒变LED灯，http://lights.ofweek.com/2016-07/ART-220001-8220-30005509.html.

［5］用沙砾制作的包装盒 不可复原永无反悔. http://jd.zol.com.cn/477/4775045.html.

［6］英国知名薯片品牌Seabrook微调LOGO并推出新包装. http://www.标志news.cn/seabrook-crisps-new-标志-and-new-package.html.

［7］可口可乐推出"One Brand"新包装. http://www.标志news.cn/coca-cola-launches-new-one-brand.html.

［8］哈根达斯（Häagen-Dazs）品牌重塑，推出新LOGO和新包装. http://www.标志news.cn/haagen-dazs-new-标志.html.

［9］雀巢茶品（NESTEA）重塑品牌，推出全新LOGO和包装. http://www.logonews.cn/nestea-new-logo.html.

［10］秘鲁老牌油漆品牌Tekno全新的包装和LOGO. http://www.logonews.cn/tekno-new-logo.html.